安装工程计量与计价

Measurement and Pricing of Installation Engineering

钱　岩　陆晓兰　主编

同济大学 出版社
TONGJI UNIVERSITY PRESS

·上海·

内 容 提 要

本教材共分为六大项目,16 个模块、29 个工作任务,包括认知工程量清单原理,安装工程清单计价,电气设备安装工程计量与计价,给排水工程计量与计价,消防工程计量与计价,刷油、防腐蚀、绝热工程计量与计价,内容具有实用性、实践性及可操作性。本教材为体现教学的简明和实用,各模块均配有例题和思考题,便于读者巩固所学知识。

本教材可作为高职工程造价相关专业教材,也可作为工程相关专业的培训教材,还可供相关从业者参考使用。

图书在版编目(CIP)数据

安装工程计量与计价 / 钱岩,陆晓兰主编. -- 上海:
同济大学出版社,2024.7. -- ISBN 978-7-5765-1196-3

Ⅰ. TU723.3

中国国家版本馆 CIP 数据核字第 20240P7A07 号

安装工程计量与计价

钱 岩 陆晓兰 主编

责任编辑	邢宜君	**责任校对**	徐逢乔	**封面设计**	于思源

出版发行 同济大学出版社 　　www. tongjipress. com. cn
　　　　　　(地址:上海市四平路 1239 号 邮编:200092 电话:021-65985622)
经 销 全国各地新华书店
制 作 南京月叶图文制作有限公司
印 刷 江苏凤凰数码印务有限公司
开 本 787 mm×1092 mm 1/16
印 张 15
字 数 319 000
版 次 2024 年 7 月第 1 版
印 次 2024 年 7 月第 1 次印刷
书 号 ISBN 978-7-5765-1196-3

定 价 68.00 元

前 言

PREFACE

　　《安装工程计量与计价》教材主要根据高等职业院校工程造价专业培养方案以及"安装工程计量与计价"课程标准的要求,参照住房和城乡建设部《通用安装工程工程量计算规范》(GB 50856—2013),结合《上海市安装工程预算定额》(SH 02—31—2016)的规定进行编写。本教材选用常用安装电气、管道工程实例,依据工程造价方面的地区相关文件规定,为读者尽快掌握安装电气、管道工程计量与计价等知识,加快提升职业素养提供有力的支持。

　　本教材编写者从内容、结构、知识、技能的精度和广度上着眼,注重理论性与实践性相结合,具体体现在下列四个方面。

　　(1) 按照任务引领和项目化教学模式两种方式划分,由项目、模块和任务三个层次组成,项目体量适中,模块清晰,任务明确,实用性强。

　　(2) 构建理论与实践相结合的教学内容体系,以社会需求为导向,以培养学生的动手能力为目标。

　　(3) 教材采用图文并茂的方式,通俗易懂,以任务引领为主线,其中穿插技能训练,知识内容由浅入深,具有实用性、实践操作性强的特点,让学生能通过教材学习体验到从业者应该具备的职业素养,为以后走上职业岗位打下扎实的专业技能基础。

　　(4) 在教材中植入二维码,将部分章节重难点的微课视频等数字化教学资源有机地融入其中,由此激活传统纸质版教材,使之能与在线课程及网上教学资源相融合。

　　本教材由上海市建筑工程学校钱岩老师担任主编,陆晓兰老师参与教材的编写,具体编写分工如下:钱岩编写项目一,项目二,项目三中的模块一、模块二、模块五、模块六及项目五的内容;陆晓兰编写项目三中模块三、模块四,项目四及项目六的内容。

　　本教材在编写过程中得到了工程造价方面专家和同行的审核和帮助,在此表示感谢!由于编者水平有限,编写时间仓促,书中难免有疏漏之处,欢迎读者批评指正。

编者

2023 年 4 月

目 录

CONTENTS

项目一

认知工程量清单原理

学习目标

1. 能认知安装工程工程量清单的基础知识。

2. 能结合《通用安装工程工程量计算规范》(GB 50856—2013),分析安装工程工程量清单的组成内容。

3. 会结合《通用安装工程工程量计算规范》(GB 50856—2013),初步编制安装工程项目工程量清单。

学习内容

1. 安装工程工程量清单基本原理。

2. 安装工程工程量清单组成内容。

3. 安装工程项目工程量清单五要素内容。

学习成果

1. 分析工程量清单组成内容。

2. 完成分部分项工程量清单五要素编制。

模块一　工程量清单概述的认知

▶ 知识目标

1. 认知《通用安装工程工程量计算规范》(GB 50856—2013)的适用范围。

2. 认知《通用安装工程工程量计算规范》(GB 50856—2013)的总则。

3. 认知《通用安装工程工程量计算规范》(GB 50856—2013)附录的组成内容。

4. 熟悉工程量清单组成内容。

5. 完成课堂活动评价。

课堂任务

1. 下列项目中( )属于分部工程。

    A. 配电箱　　　　　　　　　　B. 荧光灯

    C. 照明开关、插座　　　　　　D. 给排水管道

    E. 卫生器具

2. 脚手架、安装与生产同时进行施工增加费、在有害身体健康环境中施工增加费属于( )措施费。

    A. 专业措施项目　　　　　　　B. 安全防护、文明施工措施项目

    C. 其他措施项目

3. 工程施工中甲方供应材料费应属于( )费用。

    A. 暂列金额　　　　　　　　　B. 暂估价

    C. 计日工　　　　　　　　　　D. 分部分项工程费

知识链接

1. 制定《通用安装工程工程量计算规范》(GB 50856—2013)旨在规范通用安装工程造价计量行为,统一通用安装工程工程量计算规则与工程量编制方法。

2. 《通用安装工程工程量计算规范》(GB 50856—2013)适用于工业、民用、公共设施建设安装工程的计量和工程计量清单编制。

3. 安装工程工程量清单计价的组成内容(工程量清单计价是编制招标控制价和投标报价的基础)见表1-1。

表1-1 投标报价汇总

序号	汇总内容	金额/元	其中:材料暂估价/元
1	单体工程分部分项工程费汇总	7 454 333.26	
2	措施项目费	2 321 483.5	
2.1	总价措施费	1 101 004.93	
2.1.1	安全防护、文明施工费	251 210.95	
2.1.2	其他措施项目费	849 793.98	
2.2	单价措施费	1 220 478.57	
3	其他项目费	—	
4	规费	944 874.81	
5	增值税	964 862.24	
	总计	11 685 553.81	

4. 分部分项工程清单:拟建工程的全部分项实体工程的名称和相应的工程数量,具体

形式可见表1-2。

问题互动：

(1)卫生器具安装工程属于(　　)。

　　A. 分部工程　　　　　　　　B. 分项工程

(2)洗脸盆属于(　　)。

　　A. 分部工程　　　　　　　　B. 分项工程

(3)《通用安装工程工程量计算规范》(GB 50856—2013)(以下简称"《规范》")中附录J

为＿＿＿＿＿＿＿工程。

表1-2　分部分项工程量清单计价

序号	项目编码	项目名称	项目特征	计量单位	工程量	金额/元	
						单价	合价
	0310	给排水、采暖、燃气工程					
	031001	给排水、采暖、燃气管道					
1	031001006001	塑料管					
2	……						
		小计					
	031004	卫生器具					
7	031004003001	洗脸盆					
		小计					
		合计					

5. 措施项目清单：为完成拟建工程全部分项实体工程而必须采取的措施性项目,具体

可见表1-3和表1-4。

问题互动：

(1)专业措施项目还有＿＿＿＿＿＿、＿＿＿＿＿＿、＿＿＿＿＿＿等。

(2)安全文明施工费包括＿＿＿＿＿＿、＿＿＿＿＿＿、＿＿＿＿＿＿、＿＿＿＿＿＿。

表1-3　措施项目清单与计价表(一)

序号	项目名称	计算名称	费率/%	金额/元
1	安全文明施工费			
2	其他措施费			
2.1	夜间施工增加费			
2.2	非夜间施工增加费			
2.3	二次搬运费			
2.4	冬雨季施工增加费			
2.5	已完工程及设备保护费			
2.6	高层施工增加费			
	合计			

表 1-4　措施项目清单与计价表(二)

序号	项目编码	项目名称	项目特征	计量单位	工程量	金额/元	
						综合单价	合价
3		专业措施项目费					
3.1	031301017001	脚手架搭拆					
3.2	……	……					
本页合计							
合计							

6. 其他项目清单：由招标人提出的、与拟建工程有关的、特殊要求所产生的其他费用，见表1-5。

（1）暂列金额：用于施工合同签订时，尚未确定或者不可预见的所需材料、设备、服务的采购，施工中可能发生的工程变更、合同约定调整因素出现时的工程价款调整以及发生索赔、现场签证确认等的费用。

（2）暂估价：招标人在工程量清单中提供的、用于支付必然发生但暂时不能确定价格的材料单价，以及专业工程金额。

（3）计日工：在施工中，完成发包人提出的施工图纸以外的零星项目或工作，按合同中约定的综合单价计价。

（4）总承包服务费：总承包人为配合协调发包人进行的工程分包和自行采购的设备、材料等进行管理、服务以及施工现场管理、竣工资料汇总整理等服务所需的费用。

表 1-5　其他项目清单与计价汇总

序号	项目名称	计量单位	金额/元	备注
1	暂列金额			
2	暂估价			
2.1	材料暂估价			
2.2	专业工程暂估价			
3	计日工			
4	总承包服务费			
合计				

7. 规费：政府和有关部门规定必须缴纳的费用（具体包括社会保险费、住房公积金等），见表 1-6。

表 1-6　规费、税金项目清单与计价

序号	项目名称	计算基础	费率/%	金额/元
1	规费			
1.1	社会保险费			
1.1.1	养老保险费			
1.1.2	失业保险费			
1.1.3	医疗保险费			
1.1.4	生育保险费			
1.1.5	工作保险费			
1.2	住房公积金			
2	税金			
合计				

问题互动：

(1) 社会保险费包括_____、_____、_____、_____、_____。

(2) 税金是国家税法规定应计入建筑安装工程造价内的_____税。

技能训练

1. 清单组成内容中（　　）是强制规定不可竞争的。

　A. 分部分项工程　　　　　B. 安全防护、文明施工措施项目

　C. 单价措施项目　　　　　D. 其他措施项目

　E. 规费项目　　　　　　　F. 税金项目

　G. 其他项目

2. 分部分项工程清单五条统一规定的内容包括_____、_____、_____、_____、_____。

3. 安装工程项目超高费属于工程量清单中的（　　）费用。

　A. 分部分项工程费　　　　B. 专业措施项目费

　C. 其他措施项目费　　　　D. 其他项目费

任务评价

根据个人的课堂任务和技能训练完成情况，分别由个人自评、同桌互评和教师评价，完成项目课堂活动评价记录。

个人自评、同桌互评、教师评价记录

个人自评：问题完成率	100% □	67% □	33% □	0% □
结果准确性	100% □	67% □	33% □	0% □
同桌互评：练习效果	很好 □	较好 □		一般 □
教师评价：完成质量	堪称完美 □	继续保持 □		还需努力 □

模块二　工程量清单五要素的编制

技能目标

1. 能列出工程量清单五要素的内容。

2. 能结合《通用安装工程工程量计算规范》(GB 50856—2013)，写出安装工程项目名称和项目编码。

3. 会根据图片，结合《通用安装工程工程量计算规范》(GB 50856—2013)，描述安装工程项目特征。

4. 会结合《通用安装工程工程量计算规范》(GB 50856—2013)，确定所给项目的计量单位。

5. 完成课堂活动评价。

课堂任务

1. 写出图 1-1 安装项目名称_____和项目编码_____。

2. 写出图 1-2 项目的项目特征：

材质_____、型号、规格_____、安装方式_____。

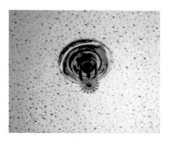

图 1-1

图 1-2

3. 连线下列项目所对应的计量单位。

镀锌钢管

螺纹阀门　　　　　　　　自然计量单位

管道支架　　　　　　　　m

水表　　　　　　　　　　m^2

淋浴器　　　　　　　　　m^3

洗脸盆　　　　　　　　　kg

地漏

4. 请写出题 3 项目具体的自然计量单位：

名称分别是_____、_____、_____、_____、_____;对应的自然计量单位是_____、_____、_____、_____、_____。

知识链接

1. 工程量清单作为招标文件的组成部分为投标人提供投标报价的基础,分部分项工程项目清单必须载明项目编码、项目名称、项目特征、计量单位和工程量,这也是工程量清单的五要素。

2. 工程量清单的项目名称应按《规范》附录的项目名称结合拟建工程的实际来确定,项目名称应简洁明了,反映出工程实体。

问题互动：

(1) 根据图 1-3,写出照明灯具的项目名称_____。

(2) 结合《通用安装工程工程量计算规范》(GB 50856—2013),写出题(1)项目名称所对应的项目编码_____。

图 1-3

3. 工程量清单的项目编码,应采用 12 位阿拉伯数字表示,1～9 位应按《规范》附录的规定设置,10～12 位应根据拟建工程的工程量清单项目名称和项目特征设置,同一招标工程的项目编码不得有重码。

例：03 04 11 006 001 接线盒。

03 为专业工程代码(通用安装工程),04 为附录分类顺序码(电气设备安装工程),11 为分部工程顺序码(配管、配线工程),006 为分项工程顺序码(接线盒项目),最后三位为清单项目顺序码,从 001 开始编码,根据接线盒安装方式等特征不同分别列项。

问题互动：

(1) 根据图 1-4,写出卫生器具的项目名称_____。

(2) 结合《通用安装工程工程量计算规范》(GB 50856—2013),写出题(1)项目名称所对应的项目编码_____。

图 1-4   图 1-5

4. 根据工程量清单的项目特征,结合拟建工程项目的实际予以描述。

问题互动:

(1) 根据图 1-5,描述照明开关的特征,并填写至表 1-7。

表 1-7　照明开关特点

项目名称	项目特征	
照明开关	1. 名称:_____	2. 材质:_____
	3. 规格:_____	4. 安装方式:_____

5. 分部分项工程量清单的计量单位应按《规范》附录中规定的计量单位确定。计量单位分为物理计量单位和自然计量单位两种:

① 物理计量单位包括:长度计量采用"m"为单位,面积计量采用"m²"为单位,体积计量采用"m³"为单位,重量计量采用"kg""t"为单位等。

② 自然计量单位有个、套、组……

问题互动:

表 1-8 中照明开关项目的计量单位为_____。

6. 分部分项工程量清单中所列工程量应按《规范》附录中的工程量计算规则计算(在项目三—项目六的模块中进行教学训练)。

技能训练

1. 某工程塑料电线管 PC25 项目的清单编码为 030411001001,镀锌钢管电线管 PC20 项目的清单编码为 030411001002,管内穿线 BV2.5 项目的清单编码为 030411004003,以上几个清单编码是否正确,为什么?

该工程项目名称书写是否正确,为什么?

_____。

2. 在安装工程照明工程中,普通灯具项目特征描述名为方形吸顶灯,其灯规格为800 mm×800 mm,类型为吸顶灯,是否正确,为什么?

_____。

1×60 W 属于哪一条项目特征描述? _____。

3. 下列安装工程清单项目名称有误的是哪几个? _____。

①照明配电箱 ②配管 ③圆球吸顶灯 ④单控双联安装开关 ⑤风扇

上述项目对应的清单计量单位分别为台、100 m、10 套、10 个、10 台,是否正确,为什么?

_____

_____。

任务评价

根据个人的课堂任务和技能训练完成情况,分别由个人自评、同桌互评和教师评价,完成项目课堂活动评价记录。

个人自评、同桌互评、教师评价记录

个人自评:问题完成率	100% ☐	80%及以上 ☐	60%及以上 ☐	60%以下 ☐
结果准确性	100% ☐	80%及以上 ☐	60%及以上 ☐	60%以下 ☐
同桌互评:练习效果	很好 ☐	较好 ☐	一般 ☐	
教师评价:完成质量	堪称完美 ☐	继续保持 ☐	还需努力 ☐	

项 目 二

安装工程清单计价

学习目标

1. 认知安装工程项目计价基本原理。

2. 根据安装工程项目综合单价组价原理,分析组成清单项目的定额项目内容。

3. 运用《上海市安装工程预算定额》(SH 02—31—2016),计算安装定额项目人材机费用。

4. 依据安装工程清单项目组价内容,结合《通用安装工程工程量计算规范》(GB 50856—2013),编制安装工程清单项目综合单价分析表。

5. 利用《通用安装工程工程量计算规范》(GB 50856—2013),编制分部分项工程清单计价表。

学习内容

1. 安装工程项目计价基本原理。

2. 安装工程项目综合单价组成内容。

3. 安装工程项目综合单价编制方法。

4. 安装工程项目综合单价分析表编制方法。

5. 安装分部分项工程清单计价表编制方法。

学习成果

1. 完成安装工程定额项目人材机费用的计算。

2. 完成安装工程项目综合单价编制。

3. 完成安装工程项目综合单价分析表编制。

4. 完成安装分部分项工程清单计价表编制。

模块一　编制分部分项工程清单计价表

◉ 练习目标

1. 根据安装工程定额项目内容,结合《上海市安装工程预算定额》(SH 02—31—2016),完成相应定额项目人材机费用计算。

2. 根据计算的定额项目费用资料,结合《通用安装工程工程量计算规范》(GB 50856—2013),完成分部分项工程综合单价的编制。

3. 根据安装工程清单组价内容,编制安装工程清单项目的综合单价分析表。

4. 根据安装工程清单项目相关资料,编制安装分部分项工程清单计价表。

5. 完成实践活动评价。

练习活动设计

根据水喷淋钢管相关数据,编制水喷淋钢管项目的清单计价表。相关数据包括:

(1) 清单对应定额项目名称为水喷淋镀锌钢管 DN32 螺纹连接,定额编号为 03-9-1-2。

(2) 经计算,项目工程量为 86.32 m。

(3) 已知定额人材机要素市场单价如表 2-1 所列。

表 2-1　定额人材机费用单价一览

内容	要素市场单价
人工	综合工日：150 元/工日
材料	1. 镀锌焊接钢管：12.46 元/m 2. 镀锌焊接接头：5.09 元/个 3. 热轧钢板(中厚板)$\phi8\sim\phi20$：4.93 元/kg 4. 铅油：8.5 元/kg 5. 银粉漆：6.3 元/kg 6. 压力表 Y-100-0~1.6 MPa：35 元/套 7. 水：8.5 元/m³
机械	1. 管子切断套丝机 $\phi159$：226 元/台班 2. 试压泵 25 MPa：745 元/台班

(4) 安装工程企业管理费和利润率设定为 35%。

【练习活动实施】

(1) 以定额水喷淋镀锌钢管项目子目表为依据,结合定额人材机要素市场单价,计算定额人材机要素的费用。

(2) 以所计算出的定额水喷淋镀锌钢管项目费用为基础资料,结合《通用安装工程工量计算规范》(GB 50856—2013),编制安装工程清单水喷淋钢管项目的综合单价分析表。

（3）根据安装工程清单水喷淋钢管项目相关资料,编制水喷淋钢管项目清单计价表。

【实操训练内容和相关材料】

（1）定额水喷淋镀锌钢管项目子目表具体内容见表 2-2。

表 2-2　定额水喷淋镀锌钢管项目子目一览

定额编号			单位	03-9-1-1	03-9-1-2	03-9-1-3	03-9-1-4
项目				水喷淋钢管			
				镀锌钢管（螺纹连接）			
				公称直径			
				25 mm 以内	32 mm 以内	40 mm 以内	50 mm 以内
				10 m	10 m	10 m	10 m
人工	00050101	综合人工	工日	1.542 0	1.700 0	1.940 0	2.020 0
材料	17030101	镀锌焊接钢管	m	(10.050 0)	(10.050 0)	(10.050 0)	(10.050 0)
	18034701	镀锌钢管接头	个	(5.900 0)	(6.870 0)	(8.610 0)	(8.080 0)
	01290318	热轧钢板（中厚板）$\phi 8\sim\phi 20$	kg	0.490 0	0.490 0	0.490 0	0.490 0
	13050201	铅油	kg	0.061 0	0.088 0	0.160 0	0.170 0
	13090101	银粉漆	kg	0.021 0	0.021 0	0.027 0	0.033 0
	24110111	压力表 0~1.6 MPa	套	0.020 0	0.020 0	0.020 0	0.020 0
	34110101	水	m³		0.582 0	0.582 0	0.582 0
		其他材料费	%	4.000 0	4.000 0	4.000 0	4.000 0
机械	99190750	管子切断套丝机 $\phi 159$	台班	0.120 0	0.220 0	0.250 0	0.270 0
	99440460	试压泵 25 MPa	台班	0.015 0	0.015 0	0.015 0	0.015 0

注：工作内容包括检查及清扫管材、切管、套丝、调直、管道及管件安装、丝口刷漆、水压试验、水冲洗。

（2）《通用安装工程工程量计算规范》(GB 50856—2013)的水灭火系统中的水喷淋钢管项目内容,见表 2-3。

表 2-3　水灭火系统（编码：030901）

项目编码	项目名称	项目特征	计量单位	工程量计算规则	工作内容
030901001	水喷淋钢管	1. 安装部位 2. 材质、规格 3. 连接形式 4. 钢管镀锌设计要求 5. 压力试验及冲洗设计要求 6. 管道标识设计要求	m	按设计图示管道中心线以长度计算	1. 管道及管件安装 2. 钢管镀锌 3. 压力试验 4. 冲洗 5. 管道标识
030901002	消火栓钢管				

【实践训练要求】

训练1：计算定额水喷淋镀锌钢管项目人材机要素的费用，填入费用计算表（表2-4）。

训练2：编制清单水喷淋钢管项目综合单价分析表（表2-5）。

训练3：编制清单水喷淋钢管项目分部分项工程清单计价表（表2-6）。

表 2-4　水喷淋镀锌钢管定额项目费用计算表

名称		单位	消耗量	市场单价/元	计算式	费用/元
人工	综合工日	工日	1.700 0	150		
材料	镀锌焊接钢管	m	(10.050 0)	12.46		
	镀锌焊接接头	个	(6.870 0)	5.09		
	热轧钢板（中厚板）$\phi 8 \sim \phi 20$	kg	0.490 0	4.93		
	铅油	kg	0.088 0	8.5		
	银粉漆	kg	0.021 0	6.3		
	压力表 Y-100　0~1.6 MPa	套	0.020 0	35		
	水	m^3	0.582 0	8.5		
	其他材料费占辅材	%	4.000 0	—		
	小计					
机械	管子切断套丝机 $\phi 159$	台班	0.220 0	226		
	试压泵 25 MPa	台班	0.015 0	745		
	小计					

注：定额单位为"10 m"。

表 2-5　综合单价分析表

项目编码				项目名称				计量单位		
清单综合单价组成明细										
定额编码	定额名称	定额单位	数量	单价				合价		
				人工费	材料费	机械费	管理费和利润	人工费	材料费	机械费	管理费和利润
人工单价				小计						
元/工日				未计价材料费						
综合单价										

表 2-6　分部分项工程清单计价表

序号	项目编码	项目名称	项目特征	单位	工程量	单价	合价
1							

任务评价

根据个人的课堂任务和技能训练完成情况,分别由个人自评、同桌互评和教师评价,完成项目课堂活动评价记录。

个人自评、同桌互评、教师评价记录

个人自评:要素费用准确性	正确 ☐	较正确 ☐	还需改进 ☐
综合单价合理性	精确 ☐	较精确 ☐	还需改进 ☐
表格编制完整性	完整 ☐	较完整 ☐	还需改进 ☐
同桌互评:整体训练效果	很好 ☐	较好 ☐	一般 ☐
教师评价:实训完成质量	堪称完美 ☐	继续保持 ☐	还需努力 ☐

任务一　编制清单项目综合单价

综合单价的编制

任务目标

1. 根据《上海市安装工程预算定额》(SH 02—31—2016)子目表,结合定额要素市场单价,计算定额要素费用。

2. 能结合清单项目综合单价组成内容,编制项目综合单价。

3. 根据清单项目相关资料和计算数据,结合《通用安装工程工程量计算规范》(GB 50856—2013),编制分部分项工程清单计价表。

情景设计

1. 以《通用安装工程工程量计算规范》(GB 50856—2013)和《上海市安装工程预算定额》(SH 02—31—2016)为参考,确定清单项目与定额项目的对应关系。

2. 以《上海市安装工程预算定额》(SH 02—31—2016)子目表为依据,学习定额项目要素费用计算方法。

3. 以清单项目综合单价组成内容为依据,学习清单项目综合单价编制方法。

4. 以《通用安装工程工程量计算规范》(GB 50856—2013)为基础,学习分部分项工程清单计价表编制方法。

>> 课堂实训任务

以个人为单位,根据所给清单项目相关资料,结合《上海市安装工程预算定额》(SH 02—31—2016)和《通用安装工程工程量计算规范》(GB 50856—2013),完成配线项目综合单价和清单计价表的编制。

训练1:根据管内穿线照明线路 2.5 mm² 定额项目的相关资料,完成项目要素费用计算(表2-7),管内穿线照明线路 2.5 mm² 定额项目的定额编号为 03-4-11-281。

表 2-7 管内穿线照明线路定额项目费用计算表

名称		单位	消耗量	市场单价/元	计算式	费用/元
人工	综合工日	工日	0.810 0	135		
材料	绝缘导线	m	(116.480 0)	1.67		
	钢丝 φ1.6~φ2.6	kg	0.090 0	4.3		
	焊锡	kg	0.200 0	42.74		
	焊锡膏 50g/瓶	kg	0.010 0	29.91		
	汽油	kg	0.500 0	8.85		
	黄漆布带 20 mm×40 m	卷	0.250 0	4.5		
	电气绝缘胶带(PVC) 18 mm×20 m	卷	0.400 0	7.8		
	其他材料费	%	8.500 0			
	小计					

注:定额单位为 100 m 单线。

训练2:根据清单项目综合单价组成内容,计算清单配线项目综合单价。

安装工程企业管理费和利润率设定为 35%,配线项目综合单价=_____。

训练3:根据安装工程清单配线项目相关资料,编制配线项目清单计价表。

经计算,配线项目工程量为 450 m,清单规范资料如表 2-8 所列,并完成表 2-9。

表 2-8 清单规范资料一览

项目编码	项目名称	项目特征	计量单位	工程量计算规则	工作内容
030411004	配线	1. 名称 2. 配线形式 3. 型号 4. 规格 5. 材质 6. 配线部位 7. 配线线制 8. 钢索材质、规格	m	按设计图示尺寸以单线长度计算(含预留长度)	1. 配线 2. 钢索架设(拉紧装置安装) 3. 支持体(夹板、绝缘子、槽板等)安装

表 2-9　分部分项工程清单计价表

序号	项目编码	项目名称	项目特征	单位	工程量	单价	合价
1							

◇ 任务实施

1. 安装工程清单项目应采用综合单价法计价。

2. 安装工程清单项目综合单价为完成一个规定清单项目所需的人工费、材料与工程设备费、施工机具使用费与企业管理费、利润以及一定范围内的风险费用(在课堂学习中暂不考虑风险费用)。

知识链接

1. 清单项目与定额项目对应关系。清单项目结合拟建工程实际确定,而定额项目要考虑项目划分方法,突出项目不同特点。

问题互动:

根据表 2-10 所列的电气照明工程图例,确定清单项目名称为_____,定额项目名称为_____。

表 2-10　电气照明工程图例信息一览

符号	图例	名称、型号、规格	备注
1	▭	照明配电箱 AL,500×300×150(宽×高×厚,mm)	箱底高度距地 1.5 m
2	▦	格栅荧光灯盘 XD512-Y,3×20 W	吸顶
3	⊢	单管荧光灯 YG2-1,1×40 W	
4	◗	半圆球吸顶灯 JXD2-1,1×18 W	
5	⚬	双联单控暗开关,B52/1,250 V/10 A	安装高度距地 1.3 m
6	⚬	三联单控暗开关,B53/1,250 V/10 A	

（2）根据表 2-10，结合表 2-11 和表 2-12，确定清单项目。

表 2-11　照明器具安装（编码：030412）

项目编码	项目名称	项目特征	计量单位	工程量计算规则	工作内容
030412001	普通灯具	1. 名称 2. 型号 3. 规格 4. 类型	套	按设计图示数量计算	本体安装
030412002	工厂灯	1. 名称 2. 型号 3. 规格 4. 安装形式			

注：普通灯具包括圆球吸顶灯、半圆球吸顶灯、方形吸顶灯、软线吊灯、座灯头、吊链灯、防水吊灯、壁灯等。

表 2-12　安装工程预算定额子目

定额编号		03-4-12-1	03-4-12-2	03-4-12-3	03-4-12-4
项目	单位	圆球吸顶灯	方形吸顶灯		
		灯罩直径	矩形罩	大口方罩	二联方罩
		300 mm 以内			
		10 套	10 套	10 套	10 套

2. 定额项目要素费用计算方法。

（1）人工费：安装工程定额人工以综合人工表示，不分工种和技术等级。

人工费＝定额综合人工工日数×市场人工单价

注：市场人工（材料设备、机械台班）单价可通过造价通或工程造价信息网查找。

（2）材料费：定额材料包括施工中消耗的主要材料、辅助材料和其他材料的费用。这 3 种费用计算公式如下。

主要材料费＝定额主要材料消耗量×市场单价
辅助材料费＝定额辅助材料消耗量×市场单价
其他材料费＝∑辅助材料费×相应百分比

注：定额材料消耗量带有括号的是主要材料。

（3）机械费＝定额机械台班消耗量×市场台班单价。

问题互动：

结合表 2-13，计算人工、材料相关费用。

表 2-13　圆球吸顶灯项目定额子目表一览

定额编号			单位	03-4-12-1
项目			单位	圆球吸顶灯
				灯罩直径
				300 mm 以内
				10 套
人工	00050101	综合人工	工日	1.380 0
材料	25050001	成套灯具	套	(10.100 0)
	03011106	木螺钉 M2～4×6～65	10 个	5.200 0
	03018171	膨胀螺栓（钢制）M6	套	
	03210203	硬质合金冲击钻头 φ6～φ8	根	
	05254008	圆木台 φ275～φ350	块	10.500 0
	05254317	方木台 200×350	块	
	05254321	方木台 400×400	块	
	05254322	方木台 400×1 000	块	
	27150312	瓷接头 双路	个	
	28030215	铜芯聚氯乙烯绝缘线 BV2.5	m	3.050 0
		其他材料费	%	5.340 0

假设要素市场单价情况如下。

综合人工：135 元/工日；

成套灯具：240 元/套；

木螺钉 M2～4×6～65：0.26 元/10 个；

圆木台 φ275～φ350：140 块；

铜芯聚氯乙烯绝缘线 BV2.5：1.67 元/m。

人工费＝＿＿＿＿＿＿＿＿＿＿＿＿＿＿＿＿＿＿＿，主材费＝＿＿＿＿＿＿＿＿＿＿＿＿＿＿＿，

辅材费＝＿＿＿＿＿＿＿＿＿＿＿＿＿＿＿＿＿＿＿＿＿＿＿＿＿＿＿＿＿＿＿＿＿＿＿，

其他材料费＝＿＿＿＿＿＿＿＿＿＿＿＿＿＿＿＿＿＿＿＿＿＿＿＿＿＿＿＿＿＿＿＿。

3. 清单项目综合单价编制方法。

　　清单项目综合单价＝人工费＋材料设备费＋机械费＋企业管理费和利润

　　　其中，企业管理费和利润＝人工费×企业管理费和利润率

企业管理费和利润率按地区相关规定（目前上海地区为 32.33%～36.2%）取用。

注：可根据实际情况由合同双方自行取定。

问题互动：

当企业管理费和利润率取定 35% 时，根据表 2-14 所列信息，求圆球吸顶灯项目综合单价为＿＿＿＿＿＿元/套。

表 2-14　分部分项工程清单计价表

序号	项目编码	项目名称	项目特征	单位	工程量	单价	合价
1			1. 名称： 2. 型号： 3. 规格： 4. 类型：		15		

注：计量单位有所不同，定额单位为 10 套，清单单位为套。

4. 分部分项工程清单计价表编制。

(1) 项目名称、项目编码按工程量计算规范规定编写。

(2) 项目特征依据工程量计算规范中的项目特征描述，结合拟建工程项目的实际予以描述，可参照施工说明和工程图例。

(3) 计量单位、工程量按《规范》附录中规定的工程量计算规则确定。

问题互动：

结合上述学习内容，完成普通灯具（半圆形吸顶灯）项目的清单计价表编制。

自主实践

通过完成课堂实训任务，能够熟练掌握清单项目综合单价编制方法，熟悉分部分项工程清单计价表的编制方法，课后进一步加以拓展。

任务评价

根据个人的课堂任务和技能训练完成情况，分别由个人自评、同桌互评和教师评价，完成项目课堂活动评价记录。

个人自评、同桌互评、教师评价记录

个人自评：要素费用准确性	正确 ☐	较正确 ☐	还需改进 ☐
综合单价合理性	精确 ☐	较精确 ☐	还需改进 ☐
表格编制完整性	完整 ☐	较完整 ☐	还需改进 ☐
同桌互评：整体训练效果	很好 ☐	较好 ☐	一般 ☐
教师评价：实训完成质量	堪称完美 ☐	继续保持 ☐	还需努力 ☐

任务二　编制清单项目综合单价分析表

任务目标

1. 根据《上海市安装工程预算定额》(SH 02—31—2016)子目表，结合定额要素市场单价,计算定额要素费用。

2. 结合清单项目综合单价组成内容,编制项目综合单价分析表。

3. 根据清单项目相关资料和计算数据,结合《通用安装工程工程量计算规范》(GB 50856—2013),编制分部分项工程清单计价表。

▶▶ 情景设计

1. 以《通用安装工程工程量计算规范》(GB 50856—2013)和《上海市安装工程预算定额》(SH 02—31—2016)为参考,确定清单项目与定额项目的对应关系。

2. 以《上海市安装工程预算定额》(SH 02—31—2016)子目表为依据,计算定额项目要素费用。

3. 以清单项目综合单价组成内容为依据,学习清单项目综合单价分析表编制方法。

4. 以《通用安装工程工程量计算规范》(GB 50856—2013)为基础,学习分部分项工程清单计价表编制方法。

▶▶ 课堂实训任务

以个人为单位,根据所给清单项目相关资料,结合《上海市安装工程预算定额》(SH 02—31—2016)和《通用安装工程工程量计算规范》(GB 50856—2013),完成荧光灯项目综合单价分析表和清单计价表编制。

训练1:根据所给定额项目的相关资料,编制清单项目综合单价分析表。已知双管荧光灯定额项目工程量为120套,安装工程企业管理费和利润率设定为35%,定额要素消耗量及市场单价如表2-15所列,完成表2-16的编制。

表 2-15　荧光灯定额要素消耗量及市场单价一览

名称		单位	消耗量	市场单价/元	计算式	费用/元
人工	综合工日	工日	1.750 0	135		
材料	成套灯具	套	(10.100 0)	114		
	膨胀螺栓(钢制)M6	套	10.150 0	1.28		
	塑料膨胀管(尼龙膨胀管)	个	10.150 0	0.03		
	硬质合金冲击钻头 φ6～φ8	根	0.170 0	4.05		
	瓷接头　双路	个	10.300 0	0.34		
	铜芯聚氯乙烯绝缘线 BV2.5	m	7.130 0	1.67		
	其他材料费	%	5.000 0	—		
小计						

表 2-16　荧光灯项目综合单价分析表

项目编码				项目名称				计量单位			
清单综合单价组成明细											
定额编码	定额名称	定额单位	数量	单价				合价			
				人工费	材料费	机械费	管理费和利润	人工费	材料费	机械费	管理费和利润
人工单价				小计							
元/工日				未计价材料费							
综合单价											

训练 2：根据安装工程清单荧光灯项目相关资料，编制荧光灯分部分项工程清单计价表（表 2-17）。

表 2-17　分部分项工程清单计价表

序号	项目编码	项目名称	项目特征	单位	工程量	单价	合价
1							

◇ **任务实施**

1. 综合单价分析表是以定额为基础，分析综合单价中所含人工、材料、机械、企业管理费和利润等各项费用过程的表格。

2. 综合单价分析表中定额项目中所含的人工、材料、机械、企业管理费和利润等各项费用合价是组成清单项目综合单价的基础。

3. 需要注意定额项目的计量单位与清单项目计量单位的区别。

📗 **知识链接**

1. 综合单价分析表的目的是确定清单项目的综合单价。

2. 综合单价分析表中项目编码、项目名称、计量单位按工程量计算规范的要求填写。

图 2-1

问题互动：

根据图 2-1，并结合《通用安装工程工程量计算规范》（GB 50856—2013）中有关内容

（表 2-18），在表 2-19 中填写清单项目编码、项目名称和计量单位。

表 2-18　通用安装工程工程量计算规范一览

项目编码	项目名称	项目特征	计量单位	工程量计算规则	工作内容
030411004	配线	1. 名称 2. 配线形式 3. 型号 4. 规格 5. 材质 6. 配线部位 7. 配线线制 8. 钢索材质、规格	m	按设计图示尺寸以单线长度计算（含预留长度）	1. 配线 2. 钢索架设（拉紧装置安装） 3. 支持体（夹板、绝缘子、槽板等）安装
030411005	接线箱	1. 名称 2. 材质 3. 规格 4. 安装形式	个	按设计图示数量计算	本体安装
030411006	接线盒				

表 2-19　分部分项工程项目综合单价分析表

项目编码		项目名称		计量单位	

清单综合单价组成明细

定额编码	定额名称	定额单位	数量	单价				合价			
				人工费	材料费	机械费	管理费和利润	人工费	材料费	机械费	管理费和利润
人工单价			小计								
	元/工日		未计价材料费								
		综合单价									

3. 清单项目综合单价分析表中定额名称、定额编号根据清单项目对应的定额组价项目名称填写。

问题互动：

结合开关盒暗装项目定额子目表（表 2-20），确定表 2-19 中定额编码和定额名称。

表 2-20　开关盒暗装项目定额子目一览

定额编号			03-4-11-398	03-4-11-399
项目		单位	暗装	
			灯头盒、接线盒安装	开关盒、插座盒安装
			10 个	10 个
人工	00050101　综合人工	工日	0.310 0	0.330 0
材料	29110201　接线盒	个	(10.200 0)	(10.200 0)
	29111501　接线箱盖板	块		
	03017208　半圆头镀锌螺栓连母垫 M2～5×15～50	10 套		
	03018807　塑料膨胀管(尼龙胀管)M6～M8	个		
	04010614　普通硅酸盐水泥 32.5 级	kg	1.500 0	1.500 0
	04030123　黄砂 中粗	m³	0.003 0	0.003 0
	其他材料费	%	10.340 0	10.000 0

4. 清单项目综合单价分析表中定额单位按定额项目计量单位填写,可参考表 2-20。

5. 清单项目综合单价分析表中数量一栏为定额项目工程量与清单项目工程量的比值。

例:某电气照明工程,经计算开关盒暗装项目工程量为 50 个,定额项目计量单位为 10 个,定额项目工程量应为 5(扩大计量单位 10,数量相应缩小到 10%),清单项目计量单位为个,定额项目工程量应为 50,则表中数量一栏应为 5÷50=0.1。

6. 清单项目综合单价分析表中定额项目单价一栏的人工费、材料费、机械费按"任务一"中定额要素费用的计算方法确定。

7. 清单项目综合单价分析表中定额项目的单价中管理费和利润一栏按单价中的人工费×相应费率计算。

问题互动:

结合开关盒暗装项目定额子目表(表 2-20),再根据定额要素市场价信息,可知综合人工 145 元/工日,接线盒 1.5 元/个,普通硅酸盐水泥 0.6 元/kg,中粗黄砂 477 元/m³。当管理费和利润率取定 35% 时,计算人工费、材料费、机械费、管理费和利润的数值并填入表 2-19 中单价一栏中。

8. 清单项目综合单价分析表中定额项目合价一栏的人工费、材料费、机械费、管理费和利润为单价人工费、材料费、机械费、管理费和利润乘以数量而得。

问题互动：

结合表 2-20 中的信息与前文所述内容，完成表 2-21 中合价一栏中人工费、材料费、机械费、管理费和利润的具体数值。

9. 清单项目由一个定额项目组价而成，清单项目综合单价分析表小计一栏中的人工费、材料费、机械费、管理费和利润是由组价定额项目所计算出的人工费、材料费、机械费、管理费和利润的相应数值。

10. 清单项目综合单价分析表中综合单价应为小计一栏的人工费、材料费、机械费、管理费和利润之和。

问题互动：

(1) 完成表 2-19 中综合单价的内容。

(2) 填写下列分部分项工程清单计价表（表 2-21）。

表 2-21　分部分项工程清单计价表

序号	项目编码	项目名称	项目特征	单位	工程量	单价	合价
1			1. 名称： 2. 材质： 3. 规格： 4. 安装形式：		50		

自主实践

通过完成课堂实训任务，能够熟练掌握清单项目综合单价分析表编制方法，准确编制分部分项工程清单计价表，课后可自行进一步加以拓展。

任务评价

根据个人的课堂任务和技能训练完成情况，分别由个人自评、同桌互评和教师评价，完成项目课堂活动评价记录。

个人自评、同桌互评、教师评价记录

个人自评：要素费用准确性	正确 ☐	较正确 ☐	还需改进 ☐
综合单价合理性	精确 ☐	较精确 ☐	还需改进 ☐
表格编制完整性	完整 ☐	较完整 ☐	还需改进 ☐
同桌互评：整体训练效果	很好 ☐	较好 ☐	一般 ☐
教师评价：实训完成质量	堪称完美 ☐	继续保持 ☐	还需努力 ☐

任务三 清单项目综合单价组价

任务目标

1. 根据《通用安装工程工程量计算规范》(GB 50856—2013),并结合《上海市安装工程预算定额》(SH 02—31—2016)子目表,确定清单项目对应的定额组价项目的内容。

2. 利用定额组价项目费用组成内容,并根据综合单价分析表组价清单项目综合单价。

3. 根据清单项目相关资料和计算数据,结合《通用安装工程工程量计算规范》(GB 50856—2013),编制分部分项工程清单计价表。

情景设计

1. 以《通用安装工程工程量计算规范》(GB 50856—2013)和《上海市安装工程预算定额》(SH 02—31—2016)为参考,确定清单项目与定额项目的对应关系。

2. 以《上海市安装工程预算定额》(SH 02—31—2016)子目表为基础,计算清单项目综合单价组价定额项目要素费用。

3. 以清单项目综合单价组成内容为依据,学习清单项目综合单价分析表编制方法。

4. 以《通用安装工程工程量计算规范》(GB 50856—2013)为基础,分析分部分项工程清单计价表编制方法。

课堂实训任务

以个人为单位,根据所给清单项目相关资料,结合《上海市安装工程预算定额》(SH 02—31—2016)和《通用安装工程工程量计算规范》(GB 50856—2013),完成铺砂、盖保护板(砖)项目综合单价分析表和清单计价表的编制。

训练1:根据所给定额项目的相关资料(电缆工程项目相关定额要素单价),见表2-22,编制清单项目综合单价分析表(表2-23)。

表 2-22 电缆工程项目相关定额要素单价一览

定额编号	项目名称	计量单位	安装费/元		
			人工费	材料费	机械费
03-4-8-14	电缆沟铺砂、盖保护板1~2根	100 m	362	3 900	0
03-4-8-15	电缆沟铺砂、盖保护板每增加1根	100 m	97	1 700	0

注:电缆沟为3根电缆,铺砂、盖保护板(砖)清单项目由两个定额项目组价而成。

表 2-23 电缆沟综合单价分析表

项目编码		项目名称		计量单位	

清单综合单价组成明细

定额编码	定额名称	定额单位	数量	单价				合价			
				人工费	材料费	机械费	管理费和利润	人工费	材料费	机械费	管理费和利润
人工单价				小计							
元/工日				未计价材料费							
综合单价											

训练 2：根据安装工程清单铺砂、盖保护板(砖)项目相关资料,编制分部分项工程清单计价表(表 2-24)。

表 2-24 分部分项工程清单计价表

序号	项目编码	项目名称	项目特征	单位	工程量	单价	合价
1							

◇ 任务实施

1. 若清单项目的工作内容含有两项或多项定额项目,则项目的综合单价由两项或多项定额项目组价而成。

2. 清单项目按照工程所在地区公布的计价定额的规定,确定所组价的定额项目名称及其定额工程量。

3. 依据定额要素市场价格信息和费用标准确定组价项目单价一栏的人工费、材料费、机械费、管理费和利润。

4. 依据组价定额项目的单价和数量,确定组价定额项目的合价。

5. 汇总组价定额项目合价,分析清单项目综合单价。

知识链接

1.《通用安装工程工程量计算规范》(GB 50856—2013)中项目的工作内容是项目具体的施工工艺工序。例如:风扇项目的工作内容为本体安装和调速开关安装两部分。其中,风扇安装定额项目不包括调速开关安装,需另行列项。因此清单风扇项目应由风扇和调速开关两个定额项目组价而成。

问题互动:

(1) 根据图 2-2,结合《通用安装工程工程量计算规范》(GB 50856—2013)中相关内容,在综合单价分析表(表 2-25)中填写清单项目编码、项目名称、计量单位。

(2) 结合《上海市安装工程预算定额》(SH 02—31—2016)相应项目定额子目表(表 2-25 和表 2-26),确定表 2-27 中组价定额项目的定额编码和定额名称。

图 2-2 风扇

表 2-25 安装工程预算定额子目表(一)

定额编号		03-4-12-346	03-4-12-347	03-4-12-348	03-4-12-349
项目	单位	电铃号牌箱安装	门铃		吊风扇安装
		规格 30 号以内	明装	暗装	
		套	10 个	10 个	台

表 2-26 安装工程预算定额子目表(二)

定额编号		03-4-12-385	03-4-12-386	03-4-12-387	03-4-12-388
项目	单位	防爆插座		明装工业插座	风扇调速开关
		三相安全插座			
		32 A 以下	64 A 以下		
		10 套	10 套	10 套	套

表 2-27 分部分项工程项目综合分析表

项目编码				项目名称				计量单位			

清单综合单价组成明细

定额编码	定额名称	定额单位	数量	单价				合价			
				人工费	材料费	机械费	管理费和利润	人工费	材料费	机械费	管理费和利润
人工单价				小计							
元/工日				未计价材料费							
综合单价											

2. 清单项目综合单价分析表中定额单位对应定额子目表。

例：表 2-27 中吊风扇安装项目单位为"台"，风扇调速开关项目单位为"套"。

3. 清单项目综合单价分析表中的数量应保持清单计量单位与定额计量单位一致、数量相同的原则，通常在一套调速开关控制一台风扇的情况下，表 2-27 中两个数量应均为 1。

问题互动：

假设一套调速开关可同时控制两台吊风扇，则对应的调速开关数量为_____。

4. 清单项目综合单价分析表中对应的定额项目单价计算方法参照"任务一"中相关描述。

例如：经计算，吊风扇安装项目人工费为 52.78 元/台，材料费为 186.52 元/台；风扇调速开关项目人工费为 17.26 元/套，材料费为 36.8 元/套。

问题互动：

（1）当管理费和利润率取定 35% 时，确定表 2-27 中对应组价定额项目单价一栏中人工费、材料费、机械费、管理费和利润的值。

（2）完成表 2-27 中对应组价定额项目合价一栏的人工费、材料费、机械费、管理费和利润。

5. 清单项目由两个或多个定额项目组价而成，清单项目综合单价分析表中小计一栏的人工费、材料费、机械费、管理费和利润对应的是组价定额项目合价一栏的人工费、材料费、机械费、管理费和利润相应数值之和。

6. 清单项目综合单价分析表中综合单价应为小计一栏的人工费、材料费、机械费、管理费和利润之和。

问题互动：

（1）完成表 2-27 中清单风扇项目综合单价。

（2）填写分部分项工程清单计价表，见表 2-28。

表 2-28　分部分项工程清单计价表

序号	项目编码	项目名称	项目特征	单位	工程量	单价	合价
1			1. 名称： 2. 型号： 3. 规格： 4. 安装方式：		8		

自主实践

通过完成课堂实训任务，能够熟练掌握清单项目综合单价组价方法，准确编制综合单价分析表和分部分项工程清单计价表，课后可自行进一步加以拓展。

任务评价

根据个人的课堂任务和技能训练完成情况,分别由个人自评、同桌互评和教师评价,完成项目课堂活动评价记录。

个人自评、同桌互评、教师评价记录

个人自评:组价项目准确性	正确 □	较正确 □	还需改进 □
综合单价合理性	精确 □	较精确 □	还需改进 □
表格编制完整性	完整 □	较完整 □	还需改进 □
同桌互评:整体训练效果	很好 □	较好 □	一般 □
教师评价:实训完成质量	堪称完美 □	继续保持 □	还需努力 □

电气设备安装工程计量与计价

学习目标

1. 认知电气工程安装工程基本原理,能熟练识读电气安装工程图纸。

2. 根据电气安装工程图纸,列出电气安装工程项目名称,并计算工程量。

3. 根据《上海市安装工程预算定额》(SH 02—31—2016),编制电气安装工程项目综合单价。

4. 结合《通用安装工程工程量计算规范》(GB 50856—2013),编制电气安装工程工程量清单计价表。

学习内容

1. 电气设备安装工程基本原理。

2. 电气照明工程项目计量与计价。

3. 电缆工程项目计量与计价。

4. 防雷接地工程项目计量与计价。

5. 动力工程项目计量与计价。

学习成果

1. 完成电气工程项目计算书编制。

2. 完成分部分项工程量清单计价表编制。

3. 完成电气工程造价汇总表编制。

模块一 认知电气设备安装工程基本原理

知识目标

1. 认知《通用安装工程工程量计算规范》(GB 50856—2013)中电气设备安装工程的适用范围。

2. 认知电气照明工程项目组成内容。

3. 认知电气照明工程清单列项与定额列项的区别。

4. 熟悉电气照明工程项目的设置。

5. 完成课堂活动评价。

课堂实训任务

【实训活动实施】

根据底层会议室电气照明平面图(图 3-1)和相关图例(表 3-1),结合设计说明和清单规范写出项目名称和项目编码。

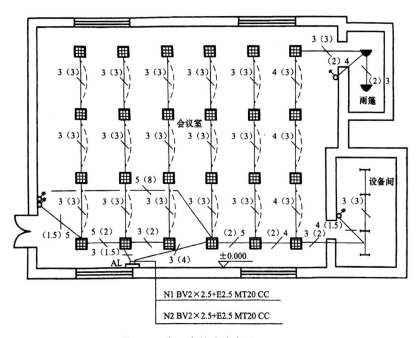

图 3-1　底层会议室电气照明平面图

表 3-1　电气照明相关图例一览

序号	图例	名称、型号、规格	备注
1		照明配电箱 AL,500×300×150(宽×高×厚,mm)	箱底高度距地 1.5 m
2		格栅荧光灯盘 XD512 - Y,3×20 W	
3		单管荧光灯 YG2-1,1×40 W	吸顶
4		半圆球吸顶灯 JXD2-1,1×18 W	
5		双联单控暗开关,B52/1,250 V/10 A	安装高度距地 1.3 m
6		三联单控暗开关,B53/1,250 V/10 A	

设计说明：

（1）照明配电箱 AL 电源引自本层总配电箱。

（2）管路为镀锌电线管 TC20 或 TC25，沿墙、楼板进行暗配。

（3）管内穿绝缘导线 BV2.5。管内穿线管径选择有两种情况：一种是 3 根线选用 TC20；另一种是 4～5 根线选用 TC25。

【实践训练要求】

填写分部分项工程工程量清单(表 3-2)中项目编码和项目名称。

表 3-2　分部分项工程工程量清单

序号	项目编码	项目名称	项目特征	单位	工程量

知识链接

1. 电气设备安装工程适用范围：

（1）变配电设备及线路安装　　（2）电气照明工程　　（3）电缆工程

（4）防雷及接地工程　　（5）动力工程　　（6）架空线路等

问题互动：

写出下列图片的电气设备安装工程划分内容。

2. 电气设备安装工程包括：控制设备与低压电器安装，电动机检查接线与调试，电缆、防雷及接地装置，配管配线，照明器具，附属工程和电气调整试验等内容。

3. 电气设备安装工程项目组成,具体以电气照明工程为例,包括:①照明控制设备项目划分(030404);②配管配线项目划分(030411);③照明器具安装划分(030412)。

4. 照明控制设备项目划分(030404)主要包括:①配电箱(030404017);②风扇(030404033);③照明开关(030404034);④插座(030404035)。

5. 配管配线项目划分(030411)主要包括:①配管(030411001);②配线(030411004);③接线盒(030411006)。

6. 照明器具安装划分(030412)主要包括:①普通灯具(030412001);②装饰灯(030412004);③荧光灯(030412005)。

7. 清单列项与定额列项的区别:①清单项目名称应按《规范》附录的项目名称结合拟建工程的实际来确定;②定额项目名称按拟建工程项目的实际予以描述,详细叙述项目的特征、规格和安装方式等内容。

8. CE 为沿顶板面明敷;WE 为沿墙面明敷;WC 为沿墙体暗敷;CC 为沿顶板暗敷;CT 为沿桥架敷设。

图 3-2

问题互动:

(1) 根据图 3-2,写出照明器具项目的定额名称_____和清单项目名称_____。

(2) 根据下列图片写出照明工程的项目名称。

_____ _____ _____ _____

(3) 根据图 3-3 确定配管配线项目名称。

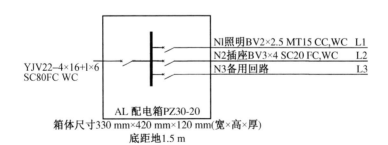

图 3-3

① _____ ; ② _____ ;
③ _____ ; ④ _____ 。

（4）根据图 3-4 和表 3-3,写出所圈项目的名称＿＿＿＿＿＿。

表 3-3　材料信息一览

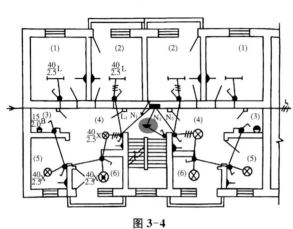

图 3-4

编号	图例	名　称	型号及规格	安装方式
1		暗装单相二三极插座	A86Z223-10	嵌墙下沿距地0.3m
2		暗装空调插座	A86Z13K11-16	嵌墙下沿距地2.0m
3		暗装单相三极插座	A86Z13K11-20	嵌墙下沿距地0.3m
4		暗装单相三极带开关插座	A86Z13K11-10	距地1.5米 中部测顶距
5		暗装单极单控开关	A86K12-10	嵌墙下沿距地1.3m
6		暗装单极双控开关	A86K11-10	嵌墙下沿距地1.3m
7		暗装双控开关	A86K21-10	嵌墙下沿距地1.3m
8		暗装三控开关	A86K31-10	嵌墙下沿距地1.3m
9		照明配电箱	见系统图	嵌墙下沿距地1.5m
10	MEB	总等电位端子箱	300*200*120	嵌墙下沿距地0.5m
11		电话+信息插座	RJ45	嵌墙下沿距地0.3m
12		有线电视插座		嵌墙下沿距地0.5m
13		二管荧光灯	YG2-2*35W	吸顶安装
14		吸顶灯	22W	吸顶安装
15		半圆球灯	200W	吸顶
16		灯具插座	见系统图	嵌墙下沿距地1.2m
17		成套设备箱	PAK-Y01-106E08	底距地2.3m 中部测顶距90cm
18		成套设备箱	PAK-Y01-106E08	下沿距地0.5m 中部测顶距90cm
19		安全型电缆插座	PAK-Y01-208 2*3W	下沿距地2.8m 中部测顶距90cm
20		三相插座	见系统图	嵌墙下沿距地0.5m

自主实践

通过完成课堂实训任务,明确电气照明工程项目的设置,进一步对应电气照明工程项目编码的设置,掌握电气照明工程工程量清单的编制原理,准确填写项目名称和项目编码,课后可以自行加以拓展。

任务评价

根据各小组的实践活动完成情况,分别由学生自评、小组其他成员互评和任课教师评价,完成项目实践活动评价记录。

个人自评、小组互评、教师评价记录

个人自评：项目名称准确性	正确 ☐	较正确 ☐	还需改进 ☐
编码书写合理性	精确 ☐	较精确 ☐	还需改进 ☐
项目设置完整性	完整 ☐	较完整 ☐	还需改进 ☐
小组互评：整体训练效果	很好 ☐	较好 ☐	一般 ☐
教师评价：实训完成质量	堪称完美 ☐	继续保持 ☐	还需努力 ☐

模块二 编制电气照明工程项目计算书和计价表

任务一   照明控制设备项目计量

照明控制设备
项目的计量

◆◆ 任务目标

1. 根据电气照明工程系统图和相关图例,列出照明控制设备项目名称。

2. 依据电气照明工程平面图,结合照明控制设备项目工程量计算规则,计算出照明控制设备项目的工程量。

3. 结合《通用安装工程工程量计算规范》(GB 50856—2013),编制照明控制设备项目的工程量清单。

◆◆ 情景设计

1. 以电气照明工程施工图为依据,分析电气照明控制设备项目的设置。

2. 以《通用安装工程工程量计算规范》(GB 50856—2013)工程量计算规则为参考,学习电气照明控制设备项目的算量方法。

3. 以《通用安装工程工程量计算规范》(GB 50856—2013)为基础,学习电气照明控制设备项目特征描述。

◆◆ 课堂实训任务

四个人一组,根据图 3-5 和表 3-4,结合《通用安装工程工程量计算规范》(GB 50856—2013),完成照明控制设备项目分部分项工程工程量清单编制。

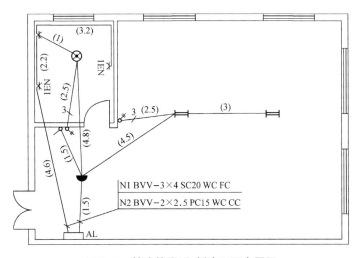

图 3-5 某建筑照明、插座平面布置图

表 3-4　建筑照明、插座相关图例一览

图例	名称、型号、规格	备注
▭	暗装照明配电箱 AL	暗装,中心距地 1.8 m
▬	格栅荧光灯,XD612－Y,2×20 W	吸顶安装
⊗	防水吸顶灯,PROX-C22WA,φ300,22 W	吸顶安装
◗	半圆球吸顶灯,XDCZ－50,φ300,32 W	吸顶安装
✶	单相二孔暗插座,15 A	暗装,距地 2.5 m
✶ IEN	单相三孔防溅暗插座,15 A	暗装,距地 1.5 m
⌐	单联单控跷板开关,B31/1,250 V/10 A	距地 1.5 m 暗装
⌐̸	双联单控跷板开关,B32/1,250 V/10 A	距地 1.5 m 暗装

训练：编制分部分项工程工程量清单,见表 3-5。

表 3-5　分部分项工程工程量清单

序号	项目编码	项目名称	项目特征	单位	工程量
1					

◈ 任务实施

1. 电气照明控制设备项目设置如下。

（1）控制设备：低压开关柜、事故照明切换屏、控制箱、照明配电箱（图 3-6）和动力配电箱等。

（2）安装方式：嵌墙式、悬挂式和落地式等。

2. 电气照明控制设备项目算量规则：按设计图示数量计算,计量单位为"台"。

3. 清单规范见表 3-6。

图 3-6　各类配电箱示意

表 3-6 通用安装工程工程量清单规范

项目编码	项目名称	项目特征	计量单位	工程量计算规则	工作内容
030404016	控制箱	1. 名称 2. 型号 3. 规格 4. 基础形式、材质、规格 5. 接线端子材质、规格 6. 端子板外部接线材质、规格 7. 安装方式	台		1. 本体安装 2. 基础型钢制作、安装 3. 焊、压接线端子 4. 补刷(喷)油漆 5. 接地
030404017	配电箱				
030404018	插座箱	1. 名称 2. 型号 3. 规格 4. 安装方式			1. 本体安装 2. 接地

知识链接

1. 应区分照明控制设备不同用途、型号、规格、安装方式等,设置项目的名称。

2. 算量规则应按设计图示尺寸以数量"台"来计算,列项算量时应注意下列内容。

(1) 注意区分连接导线接线端子(图 3-7)的规格,计价时按不同接线端子组价计算,不同接线端子所连接的配电箱应分别列项计算。

(2) 注意落地式配电箱项目(图 3-8)包含基础制作安装,不得另行列项算量,其费用组价在配电箱综合单价内。

(3) 常用配电箱均为成套,包含电器元件(如断路器)等(图 3-9),电器元件不再另行列项;若配电箱为小型配电箱(空箱),则电器元件应另行列项计量。

图 3-7 接线端子

图 3-8 落地式配电箱

图 3-9 电器元件

3. 项目特征描述:

(1) 名称:照明配电箱、动力配电箱和水泵控制箱(动力工程)等。

(2) 型号:AL、AP 等。

（3）规格：宽×高×厚（$W \times H \times D$）。

（4）基础形式、材质、规格：槽钢、角钢（8 号、∟45×4）

（5）接线端子材质与规格：铜，16 mm²。

（6）端子板外部接线材质和规格：铜，2.5 mm²、4 mm² 无端子等。

（7）安装方式：嵌墙式、悬挂式及落地式等。

注：① 基础形式、材质、规格应适配落地式配电箱。

② 接线端子适用于截面面积在 10 mm² 以上的导线。

③ 端子板外部接线材质、规格应有端子描述，无端子可以省略描述。

⚓ 技能训练

根据表 3-7，完成下列内容。

1. 列出照明控制设备项目名称_____。

2. 写出照明控制设备项目编码_____。

3. 写出照明控制设备项目特征。

①名称：_____；②型号：_____；③规格：_____；④安装方式：_____。

表 3-7　照明控制设备有关图例

图例	名称、型号、规格	备注
⬜	暗装照明配电箱 AL，500 mm×300 mm×200 mm（宽×高×厚）	嵌入式暗装，底边距地面 1.6 m
⬜	暗装动力配电箱 AP，1 000 mm×1 500 mm×600 mm（宽×高×厚）	落地安装于 10 号基础槽钢上
⊗	防水吸顶灯 PROX-C22WA，φ300，22 W	吸顶安装
⚲	双联单控跷板开关，B32/1，250 V/10 A	暗装

💬 自主实践

通过完成课堂实训任务，明确照明控制设备项目设置，进一步熟悉照明控制设备项目的项目特征描述，掌握照明控制设备项目工程量清单的编制原理，课后可以加以拓展。

任务评价

根据各小组的实践活动完成情况，分别由学生自评、小组其他成员互评和任课教师评价，完成项目实践活动评价记录。

个人自评、小组互评、教师评价记录

个人自评：项目设置准确性	正确 ☐	较正确 ☐	还需改进 ☐
计算结果合理性	精确 ☐	较精确 ☐	还需改进 ☐
清单编制完整性	完整 ☐	较完整 ☐	还需改进 ☐
小组互评：整体训练效果	很好 ☐	较好 ☐	一般 ☐
教师评价：实训完成质量	堪称完美 ☐	继续保持 ☐	还需努力 ☐

注意事项

1. 相同名称、不同规格、不同安装方式，应注意分别列项算量、编制项目工程量清单。

2. 不同型号、相同规格、相同安装方式，合并为一个项目算量。

知识拓展

照明控制设备采用小型配电箱，增加电器元件项目，分别编制工程量清单。

1. 控制开关。

（1）断路器：在规定的时间内承载和开断异常回路条件下电流的开关装置。

（2）闸刀开关：能承载正常回路条件下，或在规定时间内异常条件（如短路）下电流的开关设备。

（3）项目特征描述包括名称（如断路器）、型号（C15）、规格（220 V）、额定电流（15 A）等内容。

（4）计量单位：个。

2. 低压熔断器。当电流超过规定值时，其以本身产生的热量使熔体熔断，是一种可断开电路的电器。

（1）项目特征描述包括名称（如瓷插式熔断器）、型号（RC1-15/10）、规格（220 V）、额定电流（15 A）等内容。

（2）计量单位：个。

配管垂直
长度的确定

任务二　配管项目计量

▶▶ 任务目标

1. 根据电气照明工程系统图，列出配管项目名称。

2. 依据电气照明工程平面图，结合配管项目工程量计算规则，计算配管项目的工程量。

3. 结合《通用安装工程工程量计算规范》(GB 50856—2013),编制配管项目的工程量清单。

▶▶ 情景设计

1. 以电气照明工程施工图为依据,分析电气配管项目设置。

2. 以《通用安装工程工程量计算规范》(GB 50856—2013)工程量计算规则为参考,学习电气配管项目算量方法。

3. 以《通用安装工程工程量计算规范》(GB 50856—2013)为基础,学习电气配管项目特征描述。

▶▶ 课堂实训任务

四个人一组,根据"任务一"中某建筑照明、插座平面布置图(图 3-5)和相关图例(表 3-4),结合《通用安装工程工程量计算规范》(GB 50856—2013),完成配管项目工程量计算和分部分项工程工程量清单编制。

训练 1:列出电气配管项目名称,并计算工程量,填入工程量计算书(表 3-8)。

表 3-8　工程量计算书

序号	项目名称	计算式	工程量
1			
2			

训练 2:编制分部分项工程工程量清单(表 3-9)。

表 3-9　分部分项工程工程量清单

序号	项目编码	项目名称	项目特征	单位	工程量
1					
2					

◇ 任务实施

1. 电气配管项目设置如下所示。

(1)配管种类:电线管、钢管、塑料管等。

(2)配管规格:DN15,DN20,DN25,DN32 等。

（3）敷设方式：暗敷、明敷、埋地敷设、吊顶内敷设等。

2．电气配管项目算量规则：

以"延长米"为计量单位，不扣除管路中间的接线箱(盒)灯头盒、开关盒所占的长度，但必须扣除配电箱、板、柜所占的长度。

3．清单规范相关内容见表3-10。

表 3-10　配管、配线(编码：030411)

项目编码	项目名称	项目特征	计量单位	工程量计算规则	工作内容
030411001	配管	1. 名称 2. 材质 3. 规格 4. 配置形式 5. 接地要求 6. 钢索材质、规格	m	按设计图示尺寸以长度计算	1. 电线管路敷设 2. 钢索架设(拉紧装置安装) 3. 预留沟槽 4. 接地
030411002	线槽	1. 名称 2. 材质 3. 规格			1. 本体安装 2. 补刷(喷)油漆
030411003	桥架	1. 名称 2. 型号 3. 规格 4. 材质 5. 类型 6. 接地方式			1. 本体安装 2. 接地

知识链接

1．应区分配管不同的敷设方式、敷设位置、管材材质、规格，设置项目的名称。

2．算量规则应注意按设计图示尺寸以长度计算，配管水平距离在平面图上按比例量截，配管垂直距离按层高及器具安装高度的不同来确定。

$$配管工程量＝水平距离＋垂直距离$$

暗敷水平距离：墙体轴线之间距离。

明敷水平距离：墙体轴线之间净距离；器具中心—中心。

垂直距离：① 顶管标高(或板面标高－0.1 m)—安装高度—箱板高度(用于配电箱管线向上)；

　　　　　② 顶管标高—安装高度(用于照明开关、空调插座)；

　　　　　③ 安装高度＋0.1 m(或埋深)(用于配电箱管线向下、插座)。

3．项目特征描述包括下列内容。

（1）名称：电线管、钢管、刚性阻燃管等。

（2）材质：塑料管、钢制（镀锌）管、焊接钢管等。

（3）规格：口径 SC25、PC20、MT15 等。

（4）配置形式：明配、暗配、吊顶内敷设、埋地敷设等。

（5）接地要求：按施工规范或设计说明执行。

（6）钢索材质、规格：钢丝绳或圆钢、直径。

技能训练

1. 根据图 3-10 配电箱系统图，列出配管项目特征中的名称。

项目名称：（1）_____；

            （2）_____；

            （3）_____。

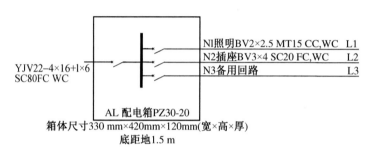

图 3-10　配电箱系统

2. 根据图 3-11，按相应比例量取相应符号配管的水平长度。

水平长度：（1）=_____ m（1：300）；

            （2）=_____ m（1：150）。

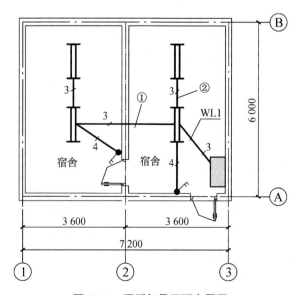

图 3-11　照明灯具平面布置图

3. 根据图 3-12 的信息,确定相应符号配管的垂直长度。

图 3-18 中楼板厚 200 mm;配电箱尺寸为宽×高＝500 mm×350 mm,其中 h_2 为配电箱高度,配电箱距地 $h_1＝1.5$ m;开关距地 $h_3＝1.3$ m;壁灯距地 $h_4＝2$ m;空调插座离地 $h_5＝2.0$ m;插座距地 $h_6＝0.3$ m;拉线开关距地 2.7 m;接线盒在顶棚下 0.2 m;普通灯具管吊式离地 2.5 m。

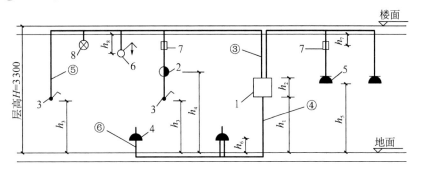

图 3-12　电气照明管线走向示意

垂直长度:③＝_____ m;④＝_____ m;⑤＝_____ m;⑥＝_____ m。

4. 结合图 3-5 描述 N1(N1BVV-3×4SC20WCFC)回路配管项目的特征。

名称:_____、材质:_____、规格:_____、配置形式:_____。

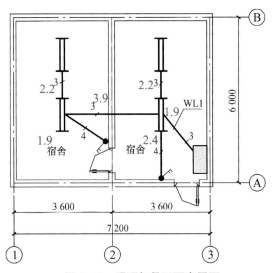

图 3-13　照明灯具平面布置图

5. 根据图 3-13 中各管线水平长度,计算 WL1 回路配管(PC25)的工程量。

配管:

① 三线:水平长度＝_____,

　　　　　垂直长度＝_____;

② 四线：水平长度＝＿＿＿＿＿＿＿＿＿＿＿＿＿，

　　　　　垂直长度＝＿＿＿＿＿＿＿＿＿＿＿＿＿；

③ 工程量合计：＿＿＿＿＿＿＿＿＿＿＿＿＿。

自主实践

通过完成课堂实训任务，可以明确配管项目的设置，进一步熟悉配管项目的算量规则，掌握配管项目工程量清单的编制原理，课后可加以拓展。

任务评价

根据各小组的实践活动完成情况，分别由学生自评、小组其他成员互评和任课教师评价，完成项目实践活动评价记录。

个人自评、小组互评、教师评价记录

个人自评：项目设置准确性	正确 ☐	较正确 ☐	还需改进 ☐
计算结果合理性	精确 ☐	较精确 ☐	还需改进 ☐
清单编制完整性	完整 ☐	较完整 ☐	还需改进 ☐
小组互评：整体训练效果	很好 ☐	较好 ☐	一般 ☐
教师评价：实训完成质量	堪称完美 ☐	继续保持 ☐	还需努力 ☐

注意事项

1. 相同配管不同回路(图 3-14)，注意分别列式算量，最后加以汇总。

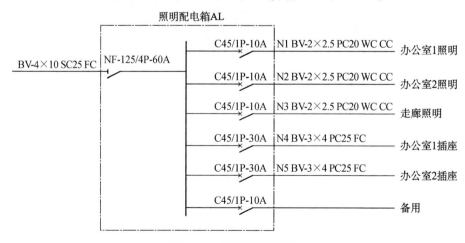

图 3-14　电气照明系统图

2. 相同配管不同穿线根数(图 3-15),注意分别列式算量,最后加以汇总。

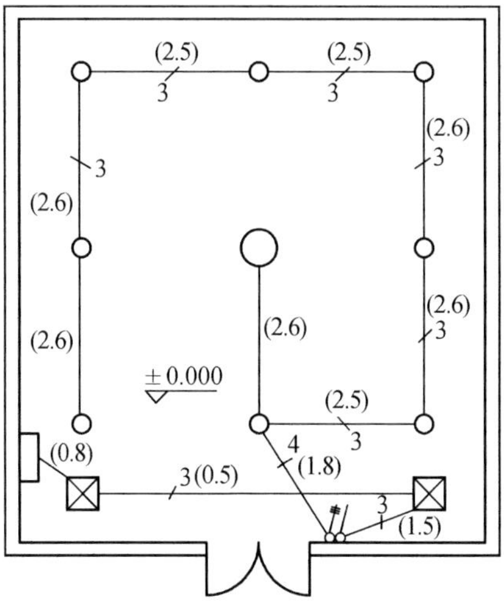

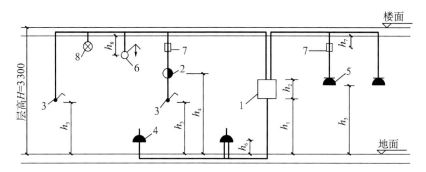

图 3-15 照明工程平面图

3. 开关一根垂直管,中间插座设两根垂直管,具体见图 3-16。

图 3-16 电气照明管线走向

知识拓展

＊线槽是用来将电源线、数据线等线材规范整理、固定在墙上或者天花板上的电工用具。

(1)项目名称:线槽(图 3-17)。

(2)项目特征:名称是线槽;材质为塑料 PR 或金属 SR;规格应有宽×高的尺寸信息。

(3)计算规则:按长度以"延长米"计算。参照配管明敷的规则。

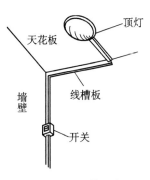

图 3-17 线槽示意

配线项目计量

任务三　配 线 项 目 计 量

▶▶ 任务目标

1. 能根据电气照明工程系统图,列出配线项目名称。

2. 能依据电气照明工程平面图,结合配线项目工程量计算规则,计算配线项目的工程量。

3. 能结合《通用安装工程工程量计算规范》(GB 50856—2013),编制配线项目的工程量清单。

▶▶ 情景设计

1. 以电气照明工程施工图为依据,分析电气配线项目的设置。

2. 以《通用安装工程工程量计算规范》(GB 50856—2013)工程量计算规则为参考,运用电气配线项目算量方法。

3. 以《通用安装工程工程量计算规范》(GB 50856—2013)为基础,分析电气配线项目特征描述。

▶▶ 课堂实训任务

四个人一组,根据"任务二"中图 3-5 和表 3-4,结合《通用安装工程工程量计算规范》(GB 50856—2013),完成配线项目工程量计算和分部分项工程工程量清单编制。

训练 1:列出电气配线项目名称,并计算工程量,填入工程计算书(表 3-11)。

表 3-11　工程计算书

序号	项目名称	计算式	工程量
1			
2			

训练 2:编制分部分项工程工程量清单(表 3-12)。

表 3-12　分部分项工程工程量清单

序号	项目编码	项目名称	项目特征	单位	工程量
1					
2					

◇ **任务实施**

1. 电气配线(图 3-18)项目设置包括以下几点内容。

(1) 配线种类：管内穿线、线槽配线等的设置。

(2) 配线规格：BV2.5、BJV6、BVV4 等配线。

(3) 配线材质：BV、BLV 等材质。

2. 电气配管项目算量规则。

按设计图示尺寸以单线长度计算(含预留长度)，计量单位为"延长米"，配线工程量＝(各类配管工程量＋预留长度)×导线根数。

图 3-18 电气配线

3. 清单规范如表 3-13 所列。

表 3-13 通用安装工程工程量清单规范

项目编码	项目名称	项目特征	计量单位	工程量计算规则	工作内容
030411004	配线	1. 名称 2. 配线形式 3. 型号 4. 规格 5. 材质 6. 配线部位 7. 配线线制 8. 钢索材质、规格	m	按设计图示尺寸以单线长度计算(含预留长度)	1. 配线 2. 钢索架设(拉紧装置安装) 3. 支持体(夹板、绝缘子、槽板等)安装

〔 **知识链接** 〕

1. 应区分配线不同名称、形式、规格、材质、部位，设置项目的名称。

2. 算量规则应按设计图示尺寸以单线长度计算，要注意配管中实际穿线的根数。

3. 配线预留长度如表 3-14 所列。

表 3-14 配线进入箱、柜、板的预留长度 单位：m/根

序号	项目	预留长度/m	说明
1	各种开关箱、柜、板	高＋宽	盘面尺寸
2	单独安装(无箱、盘)的铁壳开关、闸刀开关、启动器、线槽进出线盒等	0.3	从安装对象中心算起
3	由地面管子出口引至动力接线箱	1.0	从管口计算
4	电源与管内导线连接(管内穿线与软、硬母线接点)	1.5	从管口计算
5	出户线	1.5	从管口计算

4. 项目特征描述。

(1) 类型：聚氯乙烯绝缘导线、聚氯乙烯绝缘聚氯乙烯护套线等。

（2）配线形式：照明线路、插座线路、动力线路等。

（3）型号：BV、BYJ、NHBV、ZRBV 等。

（4）规格：2.5 mm²，4 mm²，6 mm²，10 mm² 等。

（5）线芯材质：铜、铝。

（6）配线部位：管内穿线、线槽配线等。

技能训练

1. 根据图 3-19 配电箱系统图，列出配线项目特征中的名称。

项目名称：（1）_____；

　　　　　（2）_____。

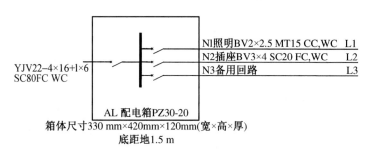

YJV22-4×16+1×6
SC80FC WC

N1照明BV2×2.5 MT15 CC,WC　L1
N2插座BV3×4 SC20 FC,WC　　 L2
N3备用回路　　　　　　　　　L3

AL 配电箱PZ30-20
箱体尺寸330 mm×420mm×120mm(宽×高×厚)
底距地1.5 m

图 3-19　配电箱系统图

2. 根据图 3-20 照明灯具平面布置图，写出 WL1：BV3×2.5 PC25 WC CC 回路配线项目特征。

（1）类型：_____，

（2）配线形式：_____，

（3）型号：_____，

（4）规格：_____，

（5）材质：_____，

（6）配线部位：_____。

3. 根据"任务二"中"技能训练5"所计算的配管长度，计算 WL1 回路配线（BV2.5）的工程量。

配线：

① 三线长度＝_____，

② 四线长度＝_____，

③ 工程量合计：_____。

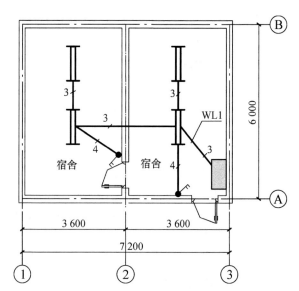

图 3-20　照明灯具平面布置图

自主实践

通过完成课堂实训任务,可以明确配线项目设置,进一步熟悉配线项目的算量规则,掌握配线项目工程量清单的编制原理,课后可加以拓展。

任务评价

根据各小组的实践活动完成情况,分别由学生自评、小组其他成员互评和任课教师评价,完成项目实践活动评价记录。

个人自评、小组互评、教师评价记录

个人自评:项目设置准确性	正确 ☐	较正确 ☐	还需改进 ☐
计算结果合理性	精确 ☐	较精确 ☐	还需改进 ☐
清单编制完整性	完整 ☐	较完整 ☐	还需改进 ☐
小组互评:整体训练效果	很好 ☐	较好 ☐	一般 ☐
教师评价:实训完成质量	堪称完美 ☐	继续保持 ☐	还需努力 ☐

注意事项

1. 相同规格配线不同回路,注意分别列式算量,最后加以汇总。

2. 相同配管不同穿线根数,注意分别按[不同穿线根数的配管长度＋预留长度(进配电箱考虑、进接线盒、灯头盒等不考虑)]×相应导线根数算量,最后加以汇总。

知识拓展

护套线(图3-21):可以直接埋设在墙内或固定在墙上。它的优点在于可以省去穿线管或者穿线槽,由外层护套绝缘代替,敷设方便快捷,美观且使用安全。

(1) 项目名称:护套线(配线)。

(2) 项目特征包括以下几点。

类型:聚氯乙烯绝缘聚氯乙烯护套线。

配线形式:照明或插座线路。

型号:BVV 或 BLVV。

规格:二芯 2.5 mm² 或三芯 4 mm²。

线芯材质:铜或铝。

配线部位:沿墙明敷。

图 3-21 护套线

(3) 计算规则:按单根长度以"延长米"计算,参照配管明敷的规则,还需考虑配线预留长度。

任务四　照明器具项目计量

任务目标

1. 根据电气照明工程系统图,列出照明器具项目名称。

2. 依据电气照明工程平面图,结合照明器具项目工程量计算规则,计算照明器具项目的工程量。

3. 结合《通用安装工程工程量计算规范》(GB 50856—2013),编制照明器具项目的工程量清单。

情景设计

1. 以电气照明工程施工图为依据,分析电气照明器具项目的设置。

2. 以《通用安装工程工程量计算规范》(GB 50856—2013)工程量计算规则为参考,运用电气照明器具项目算量方法。

3. 以《通用安装工程工程量计算规范》(GB 50856—2013)为载体,分析电气照明器具项目特征描述。

课堂实训任务

四个人一组,根据"任务二"中图 3-5 和表 3-4,结合《通用安装工程工程量计算规范》(GB 50856—2013),完成照明器具项目分部分项工程工程量清单的编制。

训练:编制分部分项工程工程量清单(表 3-15)。

表 3-15　分部分项工程工程量清单

序号	项目编码	项目名称	项目特征	单位	工程量
1					
2					
3					

◆ **任务实施**

1. 电气照明器具(图 3-22)项目设置如下所述。

(1) 照明器具种类：吸顶灯、筒灯、防水防尘灯、吊灯、单管荧光灯、五头花灯等。

(2) 照明器具规格：40 W 等。

(3) 照明器具安装方式：壁装式、吸顶式、嵌入式、链吊式等。

2. 电气照明器具项目算量规则应按设计图示数量计算,计量单位为"套"。

3. 清单规范见表 3-16。

图 3-22 各类照明器具

表 3-16 照明器具安装清单规范(编码：030412)

项目编码	项目名称	项目特征	计量单位	工程量计算规则	工作内容
030412001	普通灯具	1. 名称 2. 型号 3. 规格 4. 类型	套	按设计图示数量计算	本体安装
030412002	工厂灯	1. 名称 2. 型号 3. 规格 4. 安装形式			
030412003	高度标志 (障碍)灯	1. 名称 2. 型号 3. 规格 4. 安装部位 5. 安装高度			
030412004	装饰灯	1. 名称 2. 型号 3. 规格 4. 安装形式			
030412005	荧光灯				
030412006	医疗 专用灯	1. 名称 2. 型号 3. 规格			

▏**知识链接**

1. 应区分照明器具不同种类、型号、规格、安装形式等设置项目的名称。

2. 算量规则应按设计图示尺寸,以数量"套"进行计算,要注意不同种类应归结相同名称分别进行计算。

（1）普通灯具包括圆球吸顶灯、半圆球吸顶灯、方形吸顶灯、软线吊灯、座灯头、吊链灯、防水吊灯和壁灯等。

（2）工厂灯包括工厂罩灯、防水灯、防尘灯、碘钨灯、投光灯、泛光灯、混光灯及密闭灯等。

（3）装饰灯包括吊式艺术装饰灯、吸顶式艺术装饰灯、荧光艺术装饰灯、几何形组合艺术装饰灯、标志灯、诱导装饰灯、水下（上）艺术装饰灯、点光源艺术灯、歌舞厅灯具以及草坪灯具等。

3. 项目特征描述如下所述。

（1）名称：半圆球吸顶灯、双管荧光灯、防水灯等。

（2）型号：XDCZ－50、XD512－Y、PROX-C22 等，可具体查看工程图纸中对应图例。

（3）规格：2×40 W、ϕ300、400×250 等。

（4）安装形式：吸顶式、嵌入式、管吊式、链吊式等。

注：普通灯具类型应为吸顶灯、吊灯、壁灯等。

⚓ 技能训练

根据下图（a）、（b）、（c），完成下列内容。

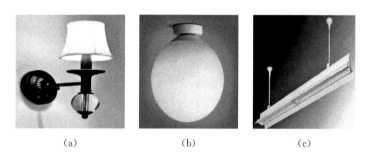

（a）　　　　　　　（b）　　　　　　　（c）

1. 列出照明器具项目名称。

（a）_____、（b）_____、（c）_____。

2. 写出照明器具项目编码。

（a）_____、（b）_____、（c）_____。

3. 写出照明器具项目特征。

（1）名称：（a）_____;（2）规格：（b）_____;（3）安装形式：（c）_____。

📖 自主实践

通过完成课堂实训任务，明确照明器具项目的设置，进一步熟悉照明器具项目的项目特征描述方法，掌握照明器具项目工程量清单的编制原理，课后可加以拓展。

任务评价

根据各小组的实践活动完成情况，分别由学生自评、小组其他成员互评和任课教师评价,完成项目实践活动评价记录。

个人自评、小组互评、教师评价记录

个人自评:项目设置准确性	正确 □	较正确 □	还需改进 □
计算结果合理性	精确 □	较精确 □	还需改进 □
清单编制完整性	完整 □	较完整 □	还需改进 □
小组互评:整体训练效果	很好 □	较好 □	一般 □
教师评价:实训完成质量	堪称完美 □	继续保持 □	还需努力 □

注意事项

1. 相同名称、不同规格、不同安装形式,注意分别列项算量、编制项目工程量清单。
2. 相同类型照明器具,注意分楼层分别计算,最后加以汇总。

任务五　电气照明工程计价

▶▶ 任务目标

1. 根据工料机市场价格信息,结合《上海市安装工程预算定额》(SH 02—31—2016),计算电气照明工程相关项目人工费、材料费、机械费。
2. 根据电气照明工程项目组价原理,完成分部分项工程综合单价分析表的编制。
3. 根据电气照明工程项目综合单价资料,结合《通用安装工程工程量计算规范》(GB 50856—2013),完善分部分项工程工程量清单计价表的编制。
4. 完成实践活动评价。

▶▶ 情景设计

1. 以图 3-5 和表 3-4 的计量资料为依据,套用电气照明工程项目的定额编号。
2. 以《上海市安装工程预算定额》(SH 02—31—2016)为依据,参考工料机价格,运用电气照明工程项目工料机费用的计算方法。
3. 以《通用安装工程工程量计算规范》(GB 50856—2013)为依据,分析电气照明工程项目综合单价组价原理。
4. 以《通用安装工程工程量计算规范》(GB 50856—2013)为基础,分析电气照明工程项目计价原理。

▶▶ 课堂实训任务

四个人一组,根据图 3-5 和表 3-4,结合《上海市安装工程预算定额》(SH 02—31—2016)

和《通用安装工程工程量计算规范》(GB 50856—2013),完成双联单控翘板开关项目综合单价分析表和分部分项工程工程量清单计价表的编制(计算结果保留两位小数)。

【实操训练内容和相关材料】

(1) 人工、材料、机械市场价格如表 3-17 和表 3-18 所列。

(2) 管理费和利润按人工费的 35% 计算。

表 3-17　工料机市场信息

序号	名称	单位	单价/元
1	综合工日	工日	150
2	照明开关	个	15.2
3	木螺钉 M2~4×6~65	10 个	0.31
4	镀锌铁丝 18 号~22 号	kg	11
5	铜芯聚氯乙烯绝缘线 BV2.5	m	2.15

表 3-18　双联单控翘板开关定额项目表

定额编号			03-4-12-356
项目			双联暗开关
名称		单位	消耗量
人工	综合工日	工日	0.596
材料	照明开关	个	(10.200 0)
	木螺钉 M2~4×6~65	10 个	2.080 0
	镀锌铁丝 18 号~22 号	kg	0.100 0
	铜芯聚氯乙烯绝缘线 BV2.5	m	4.580 0
	其他材料费	%	10.000 0

注:计量单位为 10 套。

【实践训练要求】

训练 1:列出双联单控翘板开关项目人工费、材料费计算式,计算各项人工、材料费用,并填写在表 3-19 中。

训练 2:编制双联单控翘板开关项目综合单价分析表(表 3-20)。

训练 3:编制分部分项工程工程量清单计价表(表 3-21)。

表 3-19　工料机费用计算过程

工料机名称		计算式
人工费单价	综合工日	
材料费单价	照明开关	
	木螺钉 M2~4×6~65	
	镀锌铁丝 18 号~22 号	
	铜芯聚氯乙烯绝缘线 BV2.5	
	其他材料费	

表 3-20　综合单价分析表

项目编码			项目名称				计量单位			

清单综合单价组成明细

定额编码	定额名称	定额单位	数量	单价				合价			
				人工费	材料费	机械费	管理费和利润	人工费	材料费	机械费	管理费和利润
人工单价			小计								
元/工日			未计价材料费								
综合单价											

材料费明细	主要材料名称、规格、型号	单位	数量	单价	合价	暂估单价/元	暂估合价/元
	其他材料费						
	材料费小计						

表 3-21　分部分项工程工程量清单计价表

序号	项目编码	项目名称	项目特征	单位	工程量	综合单价	合价
1							

知识链接

1. 分部分项工程工程量清单计价模式采用综合单价计价。

分部分项工程综合单价组成：人工费、材料费、机械费、管理费、利润及风险，其中工程风险要结合项目工程实际（这里不予考虑）。

2. 工料机费的确定包括下列内容。

（1）分部分项人工费＝市场安装工程综合人工信息价×现行预算定额项目综合人工工日数

（2）分部分项材料费＝$\sum$（市场各类材料信息价×现行预算定额项目各类材料消耗量A）＋预算定额项目中其他材料费B

预算定额项目中其他材料费＝项目各项辅助材料（消耗量不加括号的各类材料即"B"）费用之和×其他材料占辅助材料的百分比

（3）分部分项机械费＝$\sum$（市场各类机械台班信息价×现行预算定额项目各类机械台班消耗量）

3. 分部分项管理费和利润＝分部分项人工费×管理费和利润率（按地区现行取费标准）

4. 计价表格需注意以下几点。

（1）工料机费用计算过程，依据现行《上海市安装工程预算定额》（SH 02—31—2016），将分部分项人材机相应的消耗量与单价的乘积求出各项人材机费用，并分别汇总至人工费、材料费、机械费小计中，然后填入分部分项工程综合单价分析表中定额项目单价栏的人工费、材料费、机械费中。

（2）分部分项工程综合单价分析表中的项目编码、项目名称、计量单位参照《通用安装工程工程量计算规范》（GB 50856—2013）要求填写。

（3）分部分项工程综合单价分析表中定额编码、定额名称、定额单位结合清单项目选用《上海市安装工程预算定额》（SH 02—31—2016)的设置进行填写。

（4）定额项目栏中的数量应为定额工程量除以清单工程量所得的结果（清单项目的单位是基本计量单位，定额项目的单位是扩大计量单位）。

（5）定额项目单价栏中管理费和利润为单价栏中的人工费乘以费率而得。

（6）定额项目合价栏中各类费用为单价栏中各类费用乘以数量的结果。

（7）将分部分项工程综合单价组价项目合计部分的人工、材料、机械费汇总的结果填入表中各项费用的小计一栏，再加以汇总就得到项目综合单价。

（8）分部分项工程工程量清单计价表中项目编码、项目名称、项目特征、单位、工程量等可参照"模块二"中前4个任务中的相关内容，在综合单价一栏填入综合单价分析表的数值，合价（分部分项工程费）为综合单价乘以工程量的结果。

🧭 技能训练

1. 电气照明工程中暗装开关盒项目定额计量单位为 10 套,定额材料消耗量接线盒为 10.2 个,普通硅酸盐水泥 1.5 kg,中粗黄砂 0.003 m³;市场信息价分别为 1.5 元/个, 0.6 元/kg,477 元/m³;项目其他材料费占比为 10%,则 10 个开关盒暗装其他材料费为 _____ 元,项目材料费小计为 _____。

2. 根据题 1 的条件可知,若 10 个单位暗装开关盒预算定额综合人工工日数为 0.33,市场人工信息价为 145 元/工日,管理费和利润率取 30%,则该项目管理费和利润单价为 _____ 元。

3. 暗装接线盒项目的工程量为 50 个,则该定额项目数量应为 _____。

4. 暗装接线盒项目没有机械费,则该清单项目综合单价为 _____ 元/个,分部分项 工程费为 _____ 元。

💬 自主实践

通过完成课堂实训任务,掌握电气照明工程项目计价原理,进一步认识分部分项工程 综合单价分析表和分部分项工程量清单计价表的编制与填写重点,学会电气照明工程项目 计价方法,课后可加以拓展。

【实践活动评价】

根据各小组的实践活动完成情况,分别由学生自评、小组其他成员互评和任课教师评价,完成项目实践活动评价记录。

个人自评:项目设置正确性	正确 ☐	较正确 ☐	还需改进 ☐
计算结果准确性	精确 ☐	较精确 ☐	还需改进 ☐
清单编制完整性	完整 ☐	较完整 ☐	还需改进 ☐
综合单价合理性	合理 ☐	较合理 ☐	还需改进 ☐
小组互评:整体训练效果	很好 ☐	较好 ☐	一般 ☐
教师评价:练习完成质量	堪称完美 ☐	继续保持 ☐	还需努力 ☐

注意事项

1. 一个清单项目可以由一个项目组价,也可以由两个或两个以上项目组价而成。

2. 不用考虑清单组价的定额项目单位是否与清单项目一致,只需考虑数量是将定额工程量除以清单工程量即可。

任务六　电气照明工程练习

▶ 练习目标

1. 根据电气照明工程施工图,结合工程设计说明,完成工程计算书的编制。

2. 根据工料机市场价格信息,结合《上海市安装工程预算定额》(SH 02—31—2016),完成管内穿线项目的综合单价分析表的编制。

3. 根据工程相关费用资料,结合《通用安装工程工程量计算规范》(GB 50856—2013),完成分部分项工程工程量清单的编制。

4. 完成实践活动评价。

▶ 模块活动设计

根据所学的电气照明工程和相关知识,依据图 3-23、图 3-24 和表 3-22,结合《通用安装工程工程量计算规范》(GB 50856—2013)和《上海市安装工程预算定额》(SH 02—31—2016),完成电气照明工程分部分项工程量清单和电气照明工程配线项目综合单价编制。

【咨询阶段】

(1) 收集"模块二"学习资料(笔记、练习题、作业等)。

(2) 读懂工程图示的内容,分析照明工程系统原理,完成操作训练活动的要求。

【实践活动实施】

(1) 以电气照明工程施工图为依据,分析电气照明工程项目组成和计量规则。

(2) 以《通用安装工程工程量计算规范》(GB 50856—2013)为基础,分析电气照明工程项目特征描述。

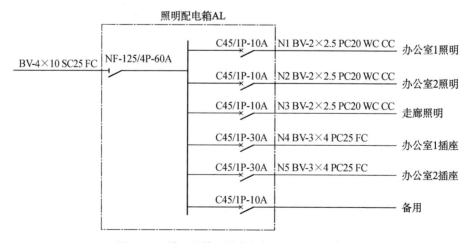

图 3-23　某工厂管理用房电气照明工程系统图

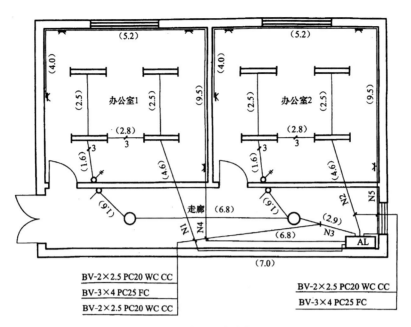

图 3-24 某工厂管理用房电气照明平面图

表 3-22 电气照明相关图例一览

序号	图例	名称、型号、规格	备注
1	▭	照明配电箱 AL,600×400×200(宽×高×厚,mm)	中心距地 1.6 m
2	▭	成套双管荧光灯 YG2-2,2×32 W	吸顶
3	○	吸顶灯 XDCZ-50,1×40 W	吸顶
4	⊀	五孔暗装插座,B4/10S,250 V/10 A	中心距地 0.3 m
5	⌐	单联翘板式暗开关 B6B1/1,250 V/16 A	中心距地 1.3 m
6	⌐	双联翘板式暗开关,B6B2/1,250 V/16 A	中心距地 1.3 m
7		钢芯塑料线 BV-500-2.5	
8		铜芯塑料线 BV-500-4	
9		PVC 塑料管 φ20	
10		PVC 塑料管 φ25	

（3）以《上海市安装工程预算定额》（SH 02—31—2016）为参照，分析电气照明工程项目计价方法。

【工程设计说明】

（1）照明配电箱 AL 电源由室外引来,配电箱为嵌入式安装,室外进线部分不考虑。

（2）翘板开关和五孔插座材质均采用塑料。

（3）管路系统用易弯塑料管暗敷，顶板内敷设管道标高 3.5 m。

（4）管路旁括号数据为该管的水平长度，单位为"m"。

（5）图 3-23 和图 3-24 中 N4 与 N5 回路插座管线埋地深度为 200 mm。

【实操训练内容和相关材料】

1. 工料机市场信息可见表 3-23。

表 3-23　工料机市场信息一览

序号	名称	单位	单价/元
1	综合工日	工日	120
2	绝缘导线	100 m	166.9
3	钢丝 $\phi1.6\sim\phi2.6$	kg	4.3
4	焊锡	kg	42.74
5	焊锡膏 50 g/瓶	kg	29.91
6	汽油	kg	8.85
7	黄漆布带 20 mm×40 m	卷	4.5
8	电气绝缘胶带(PVC)18 mm×20 m	卷	7.8

2. 管内穿线定额项目表如表 3-24 所列。

表 3-24　管内穿线定额项目

定额编号		03-4-11-281	
项目		照明线路 2.5 mm²	
名称		单位	消耗量
人工	综合工日	工日	0.8100
材料	绝缘导线	m	(116.480 0)
	钢丝 $\phi1.6\sim\phi2.6$	kg	0.090 0
	焊锡	kg	0.200 0
	焊锡膏 50 g/瓶	kg	0.010 0
	汽油	kg	0.500 0
	黄漆布带 20 mm×40 m	卷	0.250 0
	电气绝缘胶带(PVC)18 mm×20 m	卷	0.400 0
	其他材料费	%	8.500 0

注：计量单位为 100 m 单线。

【实践训练要求】

训练 1：列出电气照明工程项目名称，并计算工程量，填入工程计算书（表 3-25）。

训练 2：编制配线（管内穿线照明线路 BV2.5）项目综合单价分析表（表 3-26）。

训练 3：编制分部分项工程工程量清单（表 3-27）。

表 3-25　工程计算书

序号	项目名称	计算式	工程量
1			
2			
3			
4			
5			
6			
7			
8			
9			
10			
11			
12			
13			

表 3-26　综合单价分析表

项目编码				项目名称					计量单位			
清单综合单价组成明细												
定额编码	定额名称	定额单位	数量	单价				合价				
				人工费	材料费	机械费	管理费和利润	人工费	材料费	机械费	管理费和利润	
人工单价			小计									
元/工日			未计价材料费									
综合单价												
材料费明细	主要材料名称、规格、型号			单位	数量		单价	合价	暂估单价/元	暂估合价/元		
	其他材料费											
	材料费小计											

表 3-27　分部分项工程工程量清单

序号	项目编码	项目名称	项目特征	单位	工程量
1					
2					
3					
4					
5					
6					
7					
8					
9					
10					
11					
12					
13					

【实践活动评价】

根据各小组的实践活动完成情况,分别由学生自评、小组其他成员互评和任课教师评价,完成项目实践活动评价记录。

个人自评、小组互评、教师评价记录

个人自评:项目设置正确性	正确　□	较正确　□	还需改进　□
计算结果准确性	精确　□	较精确　□	还需改进　□
清单编制完整性	完整　□	较完整　□	还需改进　□
综合单价合理性	合理　□	较合理　□	还需改进　□
小组互评:整体训练效果	很好　□	较好　□	一般　□
教师评价:练习完成质量	堪称完美　□	继续保持　□	还需努力　□

模块三　编制电缆敷设工程项目计算书和计价表

任务一　电缆敷设项目列项

▶▶ 任务目标

1. 根据电缆敷设工程平面图,列出电缆敷设项目名称。

2. 结合《通用安装工程工程量计算规范》(GB 50856—2013),编制电缆敷设项目的工程量清单四要素。

▶▶ 情景设计

1. 以电缆敷设工程施工图为依据,分析电缆敷设项目的设置。

2. 以《通用安装工程工程量计算规范》(GB 50856—2013)为基础,分析电缆敷设项目特征描述。

▶▶ 课堂实训任务

根据图 3-25 和"施工说明",结合《通用安装工程工程量计算规范》(GB 50856—2013),完成电缆敷设项目列项和分部分项工程工程量清单四要素编制。

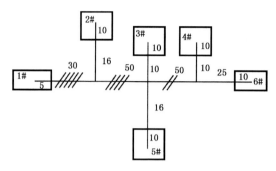

图 3-25　建筑电缆敷设工程平面图

施工说明:某工厂有五个车间,动力配电箱电源均从 1 号配电室低压配电柜引入(电缆均用 VV22-3×50+2×25),采用电缆沟直埋铺砂盖砖,沟深 1 m,进建筑物时电缆穿管 SC50,配电箱及低压配电柜安装高度离地 0.2 m,电缆穿越建筑物均设保护管 SC50,配电箱与低压配电柜离外墙均为 1 m,室内外高差 600 mm。

训练:列出电缆敷设项目名称,编制分部分项工程工程量清单四要素,完成表 3-28。

表 3-28　分部分项工程工程量清单

序号	项目编码	项目名称	项目特征	单位
1				
2				
3				
4				
5				

◇ 任务实施

1. 电缆敷设项目的设置。

根据施工图,对电力电缆、电缆保护管、铺砂、盖保护板(砖)、电力电缆头和管沟土方进行分别列项。

2. 清单规范见表 3-29 和表 3-30。

表 3-29　电缆清单信息一览

项目编码	项目名称	项目特征	计量单位	工程量计算规则	工作内容
030408001	电力电缆	1. 名称 2. 型号 3. 规格 4. 材质 5. 敷设方式、部位 6. 电压等级(kV) 7. 地形	m	按设计图示尺寸以长度计算(含预留长度及附加长度)	1. 电缆敷设 2. 揭(盖)盖板
030408002	控制电缆				
030408003	电缆保护管	1. 名称 2. 材质 3. 规格 4. 敷设方式		按设计图示尺寸以长度计算	保护管敷设
030408004	电缆槽盒	1. 名称 2. 材质 3. 规格 4. 型号			槽盒安装
030408005	铺砂、盖保护板(砖)	1. 种类 2. 规格			1. 铺砂 2. 盖板(砖)
030408006	电力电缆头	1. 名称 2. 型号 3. 规格 4. 材质、类型 5. 安装部位 6. 电压等级(kV)	个	按设计图示数量计算	1. 电力电缆头制作 2. 电力电缆头安装 3. 接地
030408007	控制电缆头	1. 名称 2. 型号 3. 规格 4. 材质、类型 5. 安装方式			

表 3-30　管沟土方信息一览

项目编码	项目名称	项目特征	计量单位	工程量计算规则	工作内容
010101007	管沟土方	1. 土壤类别 2. 管外径 3. 挖沟深度 4. 回填要求	1. m 2. m³	1. 以"m"计量,按设计图示以管道中心线长度计算 2. 以"m³"计量,按设计图示管底垫层面积乘以挖土深度计算;无管底垫层按管外径的水平投影面积乘以挖土深度计算	1. 排地表水 2. 土方开挖 3. 围护(挡土板)、支撑 4. 运输 5. 回填

知识链接

1. 电缆相关内容的介绍如下所述。

（1）电力电缆是用来输送和分配大功率电能的导线。无铠装的电缆适用于室内、电缆沟内、电缆桥架内和穿管敷设，但其不可承受压力和拉力。钢带铠装电缆适用于直埋敷设，能承受一定的正压力，但不能承受拉力，且价格较贵。

（2）电缆的基本结构包括缆芯、绝缘层和保护层三个主要部分。

（3）电缆内部细部构造可见图 3-26。

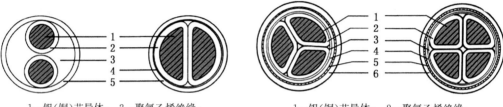

1—铝（铜）芯导体； 2—聚氯乙烯绝缘；
3—填充； 4—包带； 5—聚氯乙烯护套
（a）

1—铝（铜）芯导体； 2—聚氯乙烯绝缘
3—包带； 4—聚氯乙烯绝缘内护层；
5—刚带； 6—聚氯乙烯护套
（b）

图 3-26　电缆内部细部构造

（4）电缆型号和各字母表相关含义如表 3-31 所列。

表 3-31　电缆型号中代号信息一览

绝缘代号	导体代号	内护层代号	特征代号	外护层代号	
				第 1 数字	第 2 数字
Z-纸绝缘 X-橡皮绝缘 V-聚氯乙烯 YJ-交联聚乙烯	T-铜（可省略） L-铝	Q-铅包 L-铝包 H-橡套 V-聚氯乙烯 Y-聚乙烯	D-不滴流 P-贫油式（即干绝缘） F-分相铅包	2-双钢带 3-细圆钢丝 4-粗圆钢丝	1-纤维绕包 2-聚氯乙烯 3-聚乙烯

2. 项目特征描述。

（1）电力电缆。

名称：铠装聚氯乙烯绝缘电力电缆、聚氯乙烯护套电力电缆等。

型号：VV22 等。

规格：$3 \times 35 + 1 \times 16$ 等。

材质：铜芯等。

敷设方式、部位：电缆沟、支架、穿管、桥架等。

电压等级（kV）：1 kV 等。

（2）电缆保护管。

材质：焊接钢管等。

规格：G50 等。

敷设方式：直埋敷设。

（3）电力电缆头。

型号：VV22 等。

规格：3×35＋1×16 等。

材质：铜芯。

类型：热缩式、包干式、冷缩式等。

安装部位：户内。

电压等级（kV）：1 kV 等

（4）管沟土方。

土壤类别：三类土等。

管外径：DN500 等。

挖土宽度：900 mm 等。

回填要求：夯填等。

（5）施工措施。

电缆沟边软工铺砂,盖保护板。

问题互动：

（1）根据图 3-27 列出电缆敷设项目的
名称。

项目名称：（1）＿＿＿＿＿＿；

（2）＿＿＿＿＿＿；

（3）＿＿＿＿＿＿。

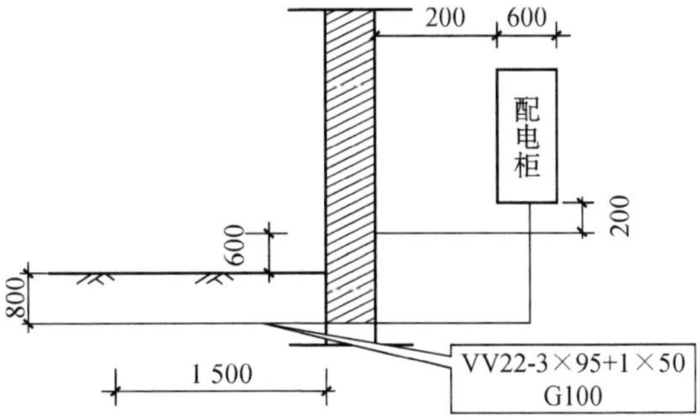

图 3-27 电缆敷设示意图

（2）4VV22－3×35＋1×16 G50 符号中表示电缆型号是＿＿＿＿＿＿,规格
＿＿＿＿＿＿,材质＿＿＿＿＿＿,敷设方式、部位为＿＿＿＿＿＿。

（3）电缆 YJV22-4×16＋1×6 SC80 FC 表示＿＿＿＿＿＿＿＿＿＿＿＿＿＿＿＿

＿＿＿＿＿＿＿＿＿＿＿＿＿＿＿＿＿＿＿＿＿＿＿＿＿＿＿＿＿＿＿＿＿＿＿＿。

（4）电缆保护管项目特征描述时,SC50 是用来表示＿＿＿＿＿＿,直埋敷设用来表示
＿＿＿＿＿＿,焊接钢管用来表示＿＿＿＿＿＿。

（5）4VV22－3×35＋1×16 G50 符号用来表示电缆头项目型号的是＿＿＿＿＿＿,规格
＿＿＿＿＿＿,材质＿＿＿＿＿＿。

自主实践

通过完成课堂实训任务,可以明确电缆敷设项目的设置,进一步熟悉电缆敷设项目的
列项规则,掌握电缆敷设项目工程量清单的编制原理,课后可加以拓展。

任务评价

根据各小组的实践活动完成情况,分别由学生自评、小组其他成员互评和任课教师评价,完成项目实践活动评价记录。

个人自评、小组互评、教师评价记录

个人自评:项目设置准确性	正确 ☐	较正确 ☐	还需改进 ☐
项目特征完整性	完整 ☐	较完整 ☐	还需改进 ☐
小组互评:整体训练效果	很好 ☐	较好 ☐	一般 ☐
教师评价:实训完成质量	堪称完美 ☐	继续保持 ☐	还需努力 ☐

注意事项

避免遗漏电缆终端头项目。

任务二   电缆敷设项目计量

任务目标

1. 依据电缆敷设工程平面图,结合电缆敷设项目工程量计算规则,计算电缆敷设项目的工程量。

2. 结合《通用安装工程工程量计算规范》(GB 50856—2013),编制电缆敷设项目的工程量清单。

情景设计

1. 以《通用安装工程工程量计算规范》(GB 50856—2013)工程量计算规则为参考,运用电缆敷设项目项目算量方法。

2. 以《通用安装工程工程量计算规范》(GB 50856—2013)为基础,完成电缆敷设项目的工程量清单。

课堂实训任务

四个人一组,根据图 3-25 和"施工说明",结合《通用安装工程工程量计算规范》(GB 50856—2013),完成电缆敷设项目工程量计算和分部分项工程工程量清单编制。

施工说明:某工厂有五个车间,动力配电箱电源都是从 1 号配电室低压配电柜引入,(电缆均采用 VV22-3×50+2×25),采用电缆沟直埋铺砂盖砖,沟深 1 m,进建筑物时电缆穿管 SC50,配电管及低压配电柜安装高度离地 0.2 m,电缆穿越建筑物均设保护管 SC50,算至外墙 1 m,室内外高差 600 mm。

训练 1:列出电缆敷设项目名称,并计算工程量,填入工程计算书(表 3-32)。

表 3-32 工程计算书

序号	项目名称	计算式	工程量
1			
2			
3			
4			
5			

训练 2:编制分部分项工程工程量清单(表 3-33)。

表 3-33 分部分项工程工程量清单

序号	项目编码	项目名称	项目特征	单位	工程量
1					
2					
3					
4					
5					

◇**任务实施**

电缆敷设项目算量重点包括下列内容。

1. 管沟土方应注意以下两个方面。

(1)以"m"计量,按设计图示以管道中心线长度进行计算。

(2)以"m³"计量,按设计图示管底垫层面积乘以挖土深度进行计算;无管底垫层按管外径的水平投影面积乘以挖土深度进行计算。

2. 铺砂、盖砖(板)：按设计图示尺寸以长度进行计算，单位以"m"为计。

3. 电力电缆：按设计图示尺寸以长度进行计算(含预留长度及附加长度)，单位以"m"为计。

4. 电缆保护管：按设计图示尺寸以长度进行计算，单位以"m"为计。

5. 电缆终端头：按设计图示数量进行计算，单位以"个"为计。

知识链接

1. 管沟土方。

说明：当设计无规定时，两根以内的电缆沟，按上口宽度 600 mm，下口宽度 400 mm，深度 900 mm，进行计算。

$$V = S \times L = 0.5 \times 0.9 \times L = 0.45L$$

每米电缆沟长挖土量为 $V = 0.45$ m^3；

S 为管沟截面积；

L 为电缆沟长；

两根以上电缆，其宽度增加 170 mm；

每米电缆沟长增加的挖土量为 $V = 0.17 \times 0.9 \times 1 = 0.153$ m^3；

有设计规定的沟深时，应按设计规定计算。

2. 铺砂、盖砖(板)

铺砂、盖砖(板)以电缆沟内敷设长度计算，不考虑电缆根数。

3. 电力电缆：(水平长度＋垂直长度＋预留长度)×(1＋附加长度%)。

水平长度：变电所配电柜至建筑物配电箱，建筑物配电箱至电动机的距离。

垂直长度：配电箱离地高度＋室内外高差＋埋深或管口出地面高度＋埋深预留长度。

电缆相关预留长度具体可见表 3-34。

表 3-34　电缆相关预留长度信息一览　　　　　　　　　单位：m/根

序号	项目	预留(附加)长度	说明
1	电缆敷设弛度、波形弯度、交叉	2.5%	按电缆全长计算
2	电缆进入建筑物	2.0 m	规范规定最小值
3	电缆进入沟内或吊架时引上(下)预留	1.5 m	规范规定最小值
4	变电所进线、出线	1.5 m	规范规定最小值
5	电力电缆终端头	1.5 m	检修余量最小值
6	电缆中间接头盒	两端各留 2.0 m	检修余量最小值
7	电缆进控制、保护屏及模拟盘等	高＋宽	按盘面尺寸
8	高压开关柜及低压配电盘、箱	2.0 m	盘下进出线
9	电动机	0.5 m	从电机接线盒起算

4. 电缆保护管：水平长度＋垂直长度

水平长度：外墙皮至配电箱＋1 m。

垂直长度：配电箱离地高度＋室内外高差＋埋深。

遇有下列情况,应按以下规定增加保护管长度。

(1) 横穿道路,按路基宽度两端各加 1 m。

(2) 穿过建筑物外墙者,按基础外缘以外加 1 m。

(3) 穿过排水沟,按沟壁外缘以外加 0.5 m。

5. 电缆终端头:电缆终端头以"个"为单位,一根电缆两个终端头。

问题互动:

(1) 直埋电缆时,沟的开挖平均宽度为 500 mm,电缆埋深 1000 mm,埋 4 根电缆时,电缆沟长度为 100 m,则土方量为多少?铺砂盖板工程量又为多少?

_____

_____

_____

(2) 室内配电箱离地 0.2 m,离内墙 0.2 m,配电箱尺寸为 $W \times H \times D$ (800 mm×1850 mm×600 mm,宽×高×厚),进户电源采用 VV22-3×95+1×50 电缆,穿建筑物处设有电缆保护管 G100,埋深 0.8 m,保护管算至外墙 1.5 m,室内外高差 0.6 m。结合《通用安装工程工程量计算规范》(GB 50856—2013),计算电缆和电缆保护管工程量,可参考图 3-26。

_____

_____

💬 **自主实践**

通过完成课堂实训任务,可复习电缆敷设项目的设置,进一步熟悉电缆敷设项目的算量规则,掌握电缆敷设项目工程量清单的编制原理,课后可加以拓展。

任务评价

根据各小组的实践活动完成情况,分别由学生自评、小组其他成员互评和任课教师评价,完成项目实践活动评价记录。

个人自评、小组互评、教师评价记录

个人自评:计算结果合理性	精确 □	较精确 □	还需改进 □
清单编制完整性	完整 □	较完整 □	还需改进 □
小组互评:整体训练效果	很好 □	较好 □	一般 □
教师评价:实训完成质量	堪称完美 □	继续保持 □	还需努力 □

注意事项

电缆工程量计算,注意不要遗漏附加长度(附加长度 2.5%)。并且注意和防雷接地工程的附加长度 3.9% 进行对比记忆。

任务三　电缆敷设工程练习

▶ 练习目标

1. 根据电缆敷设工程施工图，结合工程设计说明，完成工程计算书的编制。

2. 根据工料机市场价格信息，结合《上海市安装工程预算定额》（SH 02—31—2016），完成铺砂、盖保护板（砖）项目综合单价分析表的编制。

3. 根据工程相关费用资料，结合《通用安装工程工程量计算规范》（GB 50856—2013），完成分部分项工程工程量清单的编制。

4. 完成实践活动评价。

▶ 模块活动设计

根据所学的电缆敷设工程相关知识，依据图 3-28 和图 3-29 所示，结合《通用安装工程工程量计算规范》（GB 50856—2013）和《上海市安装工程预算定额》（SH 02—31—2016），完成电缆敷设工程分部分项工程量清单和电缆敷设工程电缆沟支架项目综合单价编制。

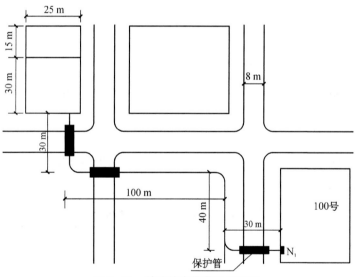

图 3-28　某建筑电缆敷设平面图

【咨询阶段】

（1）收集"模块三"学习资料（笔记、练习题、作业等）。

（2）读懂工程图示的内容，分析电缆敷设工程系统原理，满足操作训练活动的要求。

【实践活动实施】

（1）以电缆敷设工程施工图为依据，分析电缆敷设工程项目组成和计量规则。

（2）以《通用安装工程工程量计算规范》（GB 50856—2013）为基础，分析电缆敷设工程项目特征描述。

（3）以《上海市安装工程预算定额》（SH 02—31—2016）为参照，分析电缆敷设工程项目计价方法。

【工程设计说明】

如图 3-28 所示，电缆由配电室引至 100 号厂房，直埋电缆沟。

敷设 3VV22-3×35+1×16，图中三处过马路为钢管保护管 G50 敷设，其余为铺砂盖保护板（1 000 mm×350 mm×45 mm），三类土。

【实操训练内容和相关材料】

编制铺砂、盖保护板（砖）项目综合单价并填写综合单价分析表，根据《上海市安装工程预算定额》（SH 02—31—2016）有关内容，经计算获得定额项目工料机费用如表 3-35 所列。

表 3-35　定额项目工料机费用一览

定额编号	项目名称	单位	安装费/元		
			人工费	材料费	机械费
03-4-8-14	电缆沟铺砂盖保护板 1~2 根	100 m	362	3 900	0
03-4-8-15	电缆沟铺砂盖保护板每增 1 根	100 m	97	1 700	0

注：管理费和利润分别按人工费的 28% 和 7% 计算。

【实践训练要求】

训练 1：列出电缆敷设工程项目名称，并计算工程量，填入工程计算书（表 3-36）。

训练 2：编制铺砂、盖保护板（砖）项目综合单价分析表（表 3-37）。

训练 3：编制分部分项工程工程量清单（表 3-38）。

表 3-36　工程计算书

序号	项目名称	计算式	工程量
1			
2			
3			
4			
5			

表 3-37　综合单价分析表

项目编码		项目名称		计量单位	

<table>
<tr><td colspan="13" align="center">清单综合单价组成明细</td></tr>
<tr>
<td rowspan="2">定额编码</td>
<td rowspan="2">定额名称</td>
<td rowspan="2">定额单位</td>
<td rowspan="2">数量</td>
<td colspan="4" align="center">单价</td>
<td colspan="4" align="center">合价</td>
</tr>
<tr>
<td>人工费</td>
<td>材料费</td>
<td>机械费</td>
<td>管理费和利润</td>
<td>人工费</td>
<td>材料费</td>
<td>机械费</td>
<td>管理费和利润</td>
</tr>
<tr><td></td><td></td><td></td><td></td><td></td><td></td><td></td><td></td><td></td><td></td><td></td><td></td></tr>
<tr><td></td><td></td><td></td><td></td><td></td><td></td><td></td><td></td><td></td><td></td><td></td><td></td></tr>
<tr><td colspan="2" align="center">人工单价</td><td colspan="5" align="center">小计</td><td colspan="5"></td></tr>
<tr><td colspan="2" align="center">元/工日</td><td colspan="5" align="center">未计价材料费</td><td colspan="5"></td></tr>
<tr><td colspan="6" align="center">综合单价</td><td colspan="6"></td></tr>
<tr>
<td rowspan="4">材料费明细</td>
<td colspan="2" align="center">主要材料名称、规格、型号</td>
<td>单位</td>
<td colspan="2" align="center">数量</td>
<td>单价</td>
<td>合价</td>
<td colspan="2">暂估单价/元</td>
<td colspan="2">暂估合价/元</td>
</tr>
<tr><td colspan="2"></td><td></td><td colspan="2"></td><td></td><td></td><td colspan="2"></td><td colspan="2"></td></tr>
<tr><td colspan="2" align="center">其他材料费</td><td></td><td colspan="2"></td><td></td><td></td><td colspan="2"></td><td colspan="2"></td></tr>
<tr><td colspan="2" align="center">材料费小计</td><td></td><td colspan="2"></td><td></td><td></td><td colspan="2"></td><td colspan="2"></td></tr>
</table>

表 3-38　分部分项工程工程量清单

序号	项目编码	项目名称	项目特征	单位	工程量
1					
2					
3					
4					
5					

【实践活动评价】

根据各小组的实践活动完成情况,分别由学生自评、小组其他成员互评和任课教师评价,完成项目实践活动评价记录。

个人自评、小组互评、教师评价记录

个人自评：项目设置正确性	正确 ☐	较正确 ☐	还需改进 ☐
计算结果准确性	精确 ☐	较精确 ☐	还需改进 ☐
清单编制完整性	完整 ☐	较完整 ☐	还需改进 ☐
综合单价合理性	合理 ☐	较合理 ☐	还需改进 ☐
小组互评：整体训练效果	很好 ☐	较好 ☐	一般 ☐
教师评价：练习完成质量	堪称完美 ☐	继续保持 ☐	还需努力 ☐

模块四　编制防雷接地工程项目计算书和计价表

任务一　防雷接地项目列项

任务目标

1. 根据防雷接地工程平面图，列出防雷接地工程项目名称。

2. 结合《通用安装工程工程量计算规范》(GB 50856—2013)，编制防雷接地工程项目的工程量清单四要素。

情景设计

1. 以防雷接地工程施工图为依据，分析防雷接地项目的设置。

2. 以《通用安装工程工程量计算规范》(GB 50856—2013)为载体，描述防雷接地工程项目的特征。

课堂实训任务

根据图 3-29 和"施工说明"，结合《通用安装工程工程量计算规范》(GB 50856—2013)，完成防雷接地工程列项和分部分项工程工程量清单四要素(除工程量外)的编制。

施工说明：该建筑物层高 2.9 m，避雷网四周沿女儿墙顶敷设，图 3-29 中⑨轴沿混凝土块敷设，女儿墙高度 0.6 m，室内外高差 0.45 m，避雷引下线在屋面共有 5 处，沿外墙引下，并在距室外地坪 0.5 m 处设置断接卡子，在距建筑物 3 m 处设置 2.5 m 长的∟50×5 角钢接地极，打入地下 0.8 m，土壤为普通土。

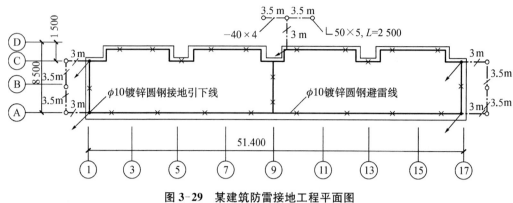

图 3-29　某建筑防雷接地工程平面图

训练：列出电气防雷接地项目名称，编制分部分项工程工程量清单四要素，完成表 3-39 的填写。

表 3-39　分部分项工程工程量清单

序号	项目编码	项目名称	项目特征	单位
1				
2				
3				
4				
5				
6				

◇ 任务实施

1. 防雷接地项目设置需根据施工图，对接地极、接地母线、避雷引下线、避雷网、避雷针和电气调整试验进行分别列项。

2. 防雷及接地装置清单规范的详细内容见表 3-40。

表 3-40 防雷及接地装置(编码：030409)

项目编码	项目名称	项目特征	计量单位	工程量计算规则	工作内容
030409001	接地极	1. 名称 2. 材质 3. 规格 4. 土质 5. 基础接地形式	根(块)	按设计图示数量计算	1. 接地极(板、桩)制作、安装 2. 基础接地网安装 3. 补刷(喷)油漆
030409002	接地母线	1. 名称 2. 材质 3. 规格 4. 安装部位 5. 安装形式	m	按设计图示尺寸以长度计算(含附加长度)	1. 接地母线制作、安装 2. 补刷(喷)油漆
030409003	避雷引下线	1. 名称 2. 材质 3. 规格 4. 安装部位 5. 安装形式 6. 断接卡子、箱材质、规格			1. 避雷引下线制作、安装 2. 断接卡子、箱制作、安装 3. 利用主钢筋焊接 4. 补刷(喷)油漆
030409004	均压环	1. 名称 2. 材质 3. 规格 4. 安装形式			1. 均压环敷设 2. 钢铝窗接地 3. 柱主筋与圈梁焊接 4. 利用圈梁钢筋焊接 5. 补刷(喷)油漆
030409005	避雷网	1. 名称 2. 材质 3. 规格 4. 安装形式 5. 混凝土块标号			1. 避雷网制作、安装 2. 跨接 3. 混凝土块制作 4. 补刷(喷)油漆
030409006	避雷针	1. 名称 2. 材质 3. 规格 4. 安装形式、高度	根	按设计图示数量计算	1. 避雷针制作、安装 2. 跨接 3. 补刷(喷)油漆
030414011	接地装置	1. 名称 2. 类别	1. 系统 2. 组	1. 以"系统"计量，按设计图示系统计算 2. 以"组"计量，按设计图示数量计算	接地电阻测试

 知识链接

1. 防雷接地各组成部分概述。

(1) 接闪器：将空中的雷电流引入大地,起先导接收作用,接闪器有避雷针、避雷网

（带）。其中,避雷针由镀锌圆钢或镀锌钢管制成,多安装于建筑物、支柱、电杆等处,避雷网（带）由镀锌扁钢或圆钢制成,多安装于建筑物顶部突出部位。

（2）引下线：连接接闪器与接地装置的金属导体,其可采用镀锌扁钢或圆钢,也可利用混凝土柱中、剪力墙中的主钢筋作引下线。

（3）接地装置：是对埋于地下的接地体和接地线的总称,其作用是把引下线引导的雷电流流散到土壤中去,接地装置有接地线（接地母线）和接地极。

2. 项目特征描述。

（1）接地极。

材质：镀锌钢管、角钢等。

规格：G50、∟50×50×5 等。

土质：普通土、坚土。

基础接地形式：条形基础、桩基、独立基础。

（2）接地母线。

材质：镀锌扁钢等。

规格：—40×4 等。

安装部位：户外。

（3）避雷引下线。

材质：钢筋、镀锌扁钢等。

规格：2 根、ϕ16；—50×5 等。

安装部位：建筑物柱内主筋、沿外墙引下。

安装形式：明敷、暗敷。

断接卡子、箱材质、规格：镀锌扁钢—5×4,镀锌薄钢板 150×150。

（4）避雷网。

材质：钢筋、镀锌扁钢等。

规格：ϕ10、—25×4 等。

安装形式：屋面明装;沿坡屋顶、屋脊敷设。

混凝土块标号：C20 等。

（5）避雷针。

材质：钢筋、镀锌圆钢等。

规格：ϕ12、G50 等。

安装形式：高度 8 m,在建筑物顶部独立安装。

（6）电气调整试验。

名称：接地电阻测试。

类别：接地网/接地极。

技能训练

根据图 3-30,列出防雷接地项目的名称。

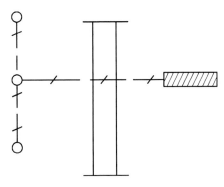

图 3-30 防雷接地平面图

(1) _____;

(2) _____;

(3) _____。

自主实践

通过完成课堂实训任务,可以明确防雷接地工程项目的设置,进一步熟悉防雷接地工程项目特征描述内容,掌握防雷接地项目工程量清单的编制原理,课后可加以拓展。

任务评价

根据各小组的实践活动完成情况,分别由学生自评、小组其他成员互评和任课教师评价,完成项目实践活动评价记录。

个人自评、小组互评、教师评价记录

个人自评：项目设置准确性	正确 ☐	较正确 ☐	还需改进 ☐
项目特征完整性	完整 ☐	较完整 ☐	还需改进 ☐
小组互评：整体训练效果	很好 ☐	较好 ☐	一般 ☐
教师评价：实训完成质量	堪称完美 ☐	继续保持 ☐	还需努力 ☐

注意事项

容易遗漏电气调整试验中的接地电阻测试项目。

任务二 防雷接地项目计量

接地母线项目
的确定长度

任务目标

1. 根据防雷接地工程平面图,结合防雷接地项目工程量计算规则,计算防雷接地项目的工程量。

2. 结合《通用安装工程工程量计算规范》(GB 50856—2013),编制防雷接地项目的工程量清单。

情景设计

1. 以《通用安装工程工程量计算规范》(GB 50856—2013)工程量计算规则为参考,运用防雷接地项目算量方法。

2. 以《通用安装工程工程量计算规范》(GB 50856—2013)为基础,完成防雷接地项目的工程量清单。

课堂实训任务

四个人一组,根据图 3-29 和"施工说明",结合《通用安装工程工程量计算规范》(GB 50856—2013),完成防雷接地项目工程量计算和分部分项工程工程量清单编制。

施工说明:该建筑物层高 2.9 m,避雷网四周沿女儿墙顶敷设,图 3-29 中⑨轴沿混凝土块敷设,女儿墙高度 0.6 m,室内外高差 0.45 m,避雷引下线在屋面共有 5 处,沿外墙引下,并在距室外地坪 0.5 m 处设置断接卡子,在距建筑物 3 m 处设置 2.5 m 长的∟50×5 角钢接地极,打入地下 0.8 m,土壤为普通土。

训练 1:列出防雷接地项目名称,并计算工程量,填入工程计算书(表 3-41)。

表 3-41 工程计算书

序号	项目名称	计算式	工程量
1			
2			
3			
4			
5			
6			

训练 2：编制分部分项工程工程量清单(表 3-42)。

表 3-42　分部分项工程工程量清单

序号	项目编码	项目名称	项目特征	单位	工程量
1					
2					
3					
4					
5					
6					

◇ **任务实施**

1. 防雷接地项目算量规则重点需注意以下几方面内容。

(1) 接地极：按设计图示数量计算，单位为"根"或"块"。

(2) 接地母线、引下线和避雷网(带)：按设计图示尺寸以长度来计算(含附加长度)，单位为"m"。

(3) 电气调整试验：按设计图示数量计算，单位为"系统"或"组"。

2. 清单规范可见表 3-40。

知识链接

按设计图示尺寸以长度计算(含附加长度 3.9%)，单位为 m，尺寸计算要求如下。

1. 接地母线长度＝(水平长度＋垂直长度＋进配电箱预留长度)×(1＋附加长度 3.9%)。

其中，水平长度包括 3 种情况：(1)接地极之间水平长度；(2)建筑物外墙至接地极水平长度；(3)配电箱至外墙皮水平长度。

垂直长度＝配电箱(或断接卡子)离地高度＋室内外高差＋接地极埋地深度。

接地母线一般从断接卡子所在高度为计算起点，算至接地极处；接地母线进配电箱加 0.5 m。

2. 引下线长度＝垂直长度×(1＋附加长度 3.9%)。

其中，垂直长度＝避雷带标高＋室内外高差－断接卡子离地高度。

3. 避雷网(带)长度＝(水平长度＋垂直长度)×(1＋附加长度 3.9%)。

其中，水平长度为屋面女儿墙中心线周长；垂直长度为不同高度屋面标高差。

4. 电气调整试验。

（1）接地网、避雷带接地电阻的测定，以"系统"为计量单位。一般变电站联为一体的母网，按一个系统计算。

（2）防雷接地装置接地电阻的测定，以"组"为计量单位，当存在单独接地装置（包括独立避雷针、烟囱避雷针）时，可按一组计算，连成一体的接地极以6根以内为一组计算。

🛞 技能训练

某民用住宅工程，防雷引下线采用柱内主筋2根，主筋规格为φ12，住宅工程共有25根柱，其中作为引下线的柱子有12根，单根钢筋长度为10 m，试计算引下线工程量。

💬 自主实践

通过完成课堂实训任务，可以重温防雷接地项目的设置，进一步熟悉防雷接地项目的算量规则，掌握防雷接地项目工程量清单的编制原理，课后可加以拓展。

任务评价

根据各小组的实践活动完成情况，分别由学生自评、小组其他成员互评和任课教师评价，完成项目实践活动评价记录。

个人自评、小组互评、教师评价记录

个人自评：计算结果合理性	精确 ☐	较精确 ☐	还需改进 ☐
清单编制完整性	完整 ☐	较完整 ☐	还需改进 ☐
小组互评：整体训练效果	很好 ☐	较好 ☐	一般 ☐
教师评价：实训完成质量	堪称完美 ☐	继续保持 ☐	还需努力 ☐

注意事项

接地母线、引下线和避雷网（带）的工程量计算，注意不要遗漏附加长度（附加长度3.9%）。

任务三　防雷接地工程练习

▶ 练习目标

1. 根据防雷接地工程施工图，结合工程设计说明，完成工程计算书的编制。

2. 根据工料机市场价格信息，结合《上海市安装工程预算定额》（SH 02—31—2016），完成接地极项目综合单价分析表的编制。

3. 根据工程相关费用资料,结合《通用安装工程工程量计算规范》(GB 50856—2013),完成分部分项工程工程量清单的编制。

4. 完成实践活动评价。

模块活动设计

根据所学的防雷接地工程相关知识,参照图 3-31,结合《通用安装工程工程量计算规范》(GB 50856—2013)和《上海市安装工程预算定额》(SH 02—31—2016),完成防雷接地工程分部分项工程量清单和防雷接地工程接地极项目综合单价编制。

【咨询阶段】

1. 收集"模块四"学习资料(笔记、练习题、作业等)。

2. 读懂工程图示内容,分析防雷接地工程系统原理,完成操作训练活动的要求。

【实践活动实施】

(1) 以防雷接地工程施工图为依据,分析防雷接地工程项目组成和计量规则。

(2) 以《通用安装工程工程量计算规范》(GB 50856—2013)为基础,分析防雷接地工程项目特征描述。

(3) 以《上海市安装工程预算定额》(SH 02—31—2013)为参照,分析防雷接地工程项目计价方法。

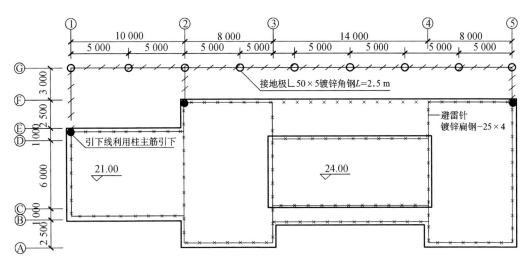

图 3-31　某综合楼防雷接地平面图

【工程设计说明】

某综合楼防雷接地平面图如图 3-31 所示,设计说明如下。

(1) 图中标高以室外地坪为+0.000 计算,不考虑高差,也不考虑引下线与避雷网、引下线与断接卡子的连接耗量。

（2）避雷网均采用－25×4镀锌扁钢，屋顶标高为21 m，局部标高24 m。

（3）引下线采用柱内主筋引下，每处引下线利用2根主筋引下，在距地坪1.8 m处设断接卡子。

（4）接地电阻要求小于10 Ω。

（5）图中标高以"m"计，其余尺寸以"mm"计。

【实操训练内容和相关材料】

1. 工料机市场信息见表3-43。

表3-43　工料机市场信息一览

名称	单位	单价
综合工日	0.19工日	150元/工日
角钢接地极	1.05根	5 800元/t(2.5 m/根)
热轧镀锌扁钢50～75	0.26 kg	4.37元/kg
电焊条	0.05 kg	6.50元/kg
沥青清漆	0.02 kg	10元/kg
其他材料费	0.5%	—
交流电焊机	0.05台班	75.23元/台班

注：接地极采用镀锌角钢∟50×5(普通土)，理论重量为(3.77×1.03) kg/m。

2. 接地极（板）制作安装定额项目信息可表3-44。

表3-44　接地极（板）制作安装定额一览

定额编号			03-4-9-1	03-4-9-2	03-4-9-3	03-4-9-4
项目		单位	钢管接地极制作安装		角铁接地极制作安装	
			普通土	坚土	普通土	坚土
			根	根	根	根
人工	00050101　综合人工	工日	0.274 0	0.310 0	0.190 0	0.221 0
材料	27061601　钢管接地极	根	(1.030 0)	(1.030 0)		
	27061701　角钢接地极	根			(1.050 0)	(1.050 0)
	01130336　热轧镀锌扁钢50～75	kg	0.260 0	0.260 0	0.260 0	0.260 0
	03130114　电焊条 J422 φ3.2	kg	0.100 0	0.100 0	0.050 0	0.050 0
	13053111　沥青清漆	kg	0.020 0	0.020 0	0.0200	0.020 0
	其他材料费	%	0.500 0	0.500 0	0.500 0	0.500 0
机械	99250010　交流弧焊机 21 kVA	台班	0.140 0	0.140 0	0.050 0	0.050 0

注：接地极（板）的工作内容包括下料，尖端及加固帽加工，油漆，接地极打入地下及埋设等。

【实践训练要求】

训练1：列出防雷接地工程项目名称，并计算工程量，填入工程计算书（表3-45）。

训练2：编制接地极项目综合单价分析表（表3-46）。

训练3：编制分部分项工程工程量清单（表3-47）。

表3-45 工程计算书

序号	项目名称	计算式	工程量
1			
2			
3			
4			
5			
6			

表3-46 综合单价分析表

项目编码		项目名称		计量单位	

清单综合单价组成明细

定额编码	定额名称	定额单位	数量	单价				合价			
				人工费	材料费	机械费	管理费和利润	人工费	材料费	机械费	管理费和利润
人工单价			小计								
元/工日			未计价材料费								
综合单价											

材料费明细	主要材料名称、规格、型号	单位	数量	单价	合价	暂估单价/元	暂估合价/元
	其他材料费						
	材料费小计						

表 3-47　分部分项工程工程量清单

序号	项目编码	项目名称	项目特征	单位	工程量
1					
2					
3					
4					
5					
6					

【实践活动评价】

根据各小组的实践活动完成情况,分别由学生自评、小组其他成员互评和任课教师评价,完成项目实践活动评价记录。

个人自评、小组互评、教师评价记录

个人自评:项目设置正确性	正确 □	较正确 □	还需改进 □
计算结果准确性	精确 □	较精确 □	还需改进 □
清单编制完整性	完整 □	较完整 □	还需改进 □
综合单价合理性	合理 □	较合理 □	还需改进 □
小组互评:整体训练效果	很好 □	较好 □	一般 □
教师评价:练习完成质量	堪称完美 □	继续保持 □	还需努力 □

模块五 编制动力工程项目计算书和计价表

任务一 动力工程列项

◆》 任务目标

1. 根据电气动力工程系统图和图例,列出动力工程项目名称。

2. 结合《通用安装工程工程量计算规范》(GB 50856—2013),编制动力工程项目的工程量清单四要素。

◆》 情景设计

1. 以动力工程施工图为依据,分析动力工程项目的设置。

2. 以《通用安装工程工程量计算规范》(GB 50856—2013)为基础,描述动力工程项目的特征。

◆》 课堂实训任务

根据图 3-32、图 3-33 和"施工说明",结合《通用安装工程工程量计算规范》(GB 50856—2013),完成动力工程列项和分部分项工程工程量清单四要素(除工程量外)编制。

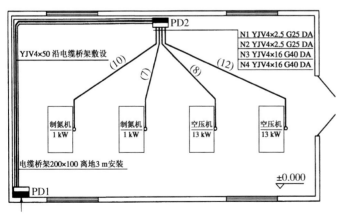

图 3-32 氮气站动力平面图

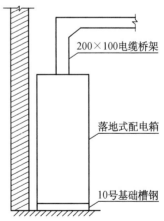

图 3-33 配电箱安装示意

施工说明:(1)图 3-32 中 PD1、PD2 均为定型动力配电箱,落地式安装,基础型钢用 10 号槽钢制作,其重量 10 kg/m。(2)PD1 至 PD2 电缆沿桥架敷设,其余电缆均穿钢管敷设,埋地钢管标高为−0.200 m,埋地钢管至动力配电箱出口处高出地坪+0.100 m。(3)4 台设备基础标高均为＋0.300 m,至设备电机处的配管口高出基础面 0.200 m,均连接 1 根长 0.8 m 同管径的金属软管(不考虑项目设置)。(4)当计算电缆长度时,连接电机处出管口后电缆的预留长度为 1 m,电缆头为户内干包式。(5)电缆桥架(200×100)的水平长度为 22 m。

训练:列出动力工程项目名称,编制分部分项工程工程量清单四要素(表 3-48)。

表 3-48　分部分项工程工程量清单

序号	项目编码	项目名称	项目特征	单位

◇ 任务实施

1. 动力工程:是工程研究领域中的能源转换、运输和利用的理论和技术,其研究成果对提高能源利用率、减少污染物质排放、推动经济可持续发展具有重要影响。

2. 动力工程适用范围包括：热力发电、发动机制造、锅炉及换热设备制造、热能工程、动力机械及工程、制冷与低温技术等方面。

3. 根据动力工程系统(图 3-34)，认知动力工程基本原理。

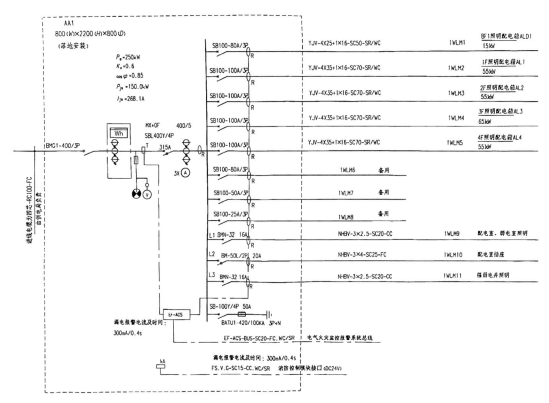

图 3-34 动力工程系统

4. 动力工程项目重要内容如下所列。

(1) 电气控制设备：控制箱、配电箱、插座箱等。

(2) 电机检查接线及调试：低压交流异步电动机、高压交流异步电动机等。

(3) 电缆组成：电力电缆、控制电缆、电力电缆头、控制电缆头等。

(4) 接地装置：接地极、接地母线等。

(5) 配管配线：配管、桥架、配线等。

(6) 电气调整试验：接地装置等。

知识链接

1. 动力工程配电箱参照照明配电箱项目编码、特征、算量规则。

注：动力配电箱项目与照明配电箱的区别在于，工作内容中包括基础型钢的制作、安装，接线端子，不再另行列项。

问题互动：

根据图 3-35，结合"施工说明"可知，动力配电箱 XLF-15-3500(650 mm×1 700 mm×200 mm)，安装高度 0.2 m，基础采用 8 号槽钢；描述配电箱项目的特征。

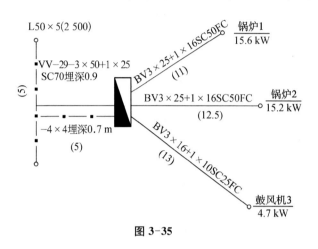

图 3-35

名称_____；型号_____；规格_____；

基础形式、材质、规格_____；

接线端子材质、规格_____；安装方式_____。

2. 交流异步电动机可按不同功率分别列项，可参照上海地区预算定额项目划分分列项目。

注：设备出厂时电动机带出线的设备、移动电器设备和与插座相连接的家电设备〔如排风机(排气扇)、电风扇、家用脱排油烟机等〕，不计入电动机检查接线费用。

问题互动：

根据图 3-35，可列出电动机项目名称有_____个。

3. 电缆项目的设置取决于配电箱电源来源和配电箱向电机配电线路。

问题互动：

根据图 3-35，描述电缆敷设项目的特征。

名称_____；型号_____；规格_____；敷设方式、部位_____。

4. 接地装置项目根据配电箱设备接地而设置，其中包括接地极和接地母线。

问题互动：

(1) 根据图 3-35，描述接地极项目的特征(土质为三类土)。

名称_____；材质_____；规格_____；土质_____。

(2) 根据图 3-35，描述接地母线项目的特征。

名称_____；材质_____；规格_____；安装部位_____；安装形式_____。

5. 配管配线取决于配电箱向电机配电线路，可参照照明工程中的配管配线项目设置。

问题互动：

根据图 3-35，确定配管、配线项目的数量，其中配管_____个，配线_____。

6. 接地装置用来满足接地电阻设计要求，可参照防雷接地工程相应项目设置。

✷ 技能训练

根据图 3-36 和"施工说明"，列出动力工程项目名称、项目编码、项目特征和计量单位，填入表 3-49。

施工说明：悬挂式水泵控制箱 XCK－J（800 mm×600 mm×250 mm）距地 1.4 m 安装，配电箱出线回路如下所列。

N1：ZCYJV－3×2.5＋E2.5 SC20 FC；

N2～N4：ZCYJV－3×6＋E6 SC32 FC。

动力敷管沿地敷设，埋深 200 mm，管口出地面 500 mm，括号内数据为水平距离，单位为 m。

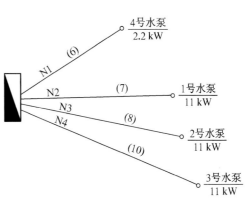

图 3-36　水泵房动力工程示意

表 3-49　分部分项工程工程量清单

序号	项目编码	项目名称	项目特征	单位

▣ 自主实践

通过完成课堂实训任务,可以明确电缆敷设项目的设置,进一步熟悉电缆敷设项目的列项规则,认知电缆敷设项目工程量清单的编制原理,课后可加以拓展。

任务评价

根据各小组的实践活动完成情况,分别由学生自评、小组其他成员互评和任课教师评价,完成项目实践活动评价记录。

个人自评、小组互评、教师评价记录

个人自评:项目设置准确性	正确 ☐	较正确 ☐	还需改进 ☐
项目特征完整性	完整 ☐	较完整 ☐	还需改进 ☐
小组互评:整体训练效果	很好 ☐	较好 ☐	一般 ☐
教师评价:实训完成质量	堪称完美 ☐	继续保持 ☐	还需努力 ☐

注意事项

电气工程的各种支架按铁构件项目设置。

任务二　动力工程项目计量

▶▶ 任务目标

1. 依据动力工程平面图,结合动力工程项目工程量计算规则,计算动力工程项目的工程量。

2. 结合《通用安装工程工程量计算规范》(GB 50856—2013),编制动力工程项目的工程量清单。

▶▶ 情景设计

1. 以《通用安装工程工程量计算规范》(GB 50856—2013)工程量计算规则为参考,运用动力工程项目算量方法。

2. 以《通用安装工程工程量计算规范》(GB 50856—2013)为基础,完成动力工程项目的工程量清单。

课堂实训任务

四个人一组,根据图 3-32、图 3-33 和"施工说明",结合《通用安装工程工程量计算规范》(GB 50856—2013),完成动力工程项目工程量计算和分部分项工程工程量清单编制。

训练 1:根据所列项目名称,并计算工程量,填入工程计算书(表 3-50)。

表 3-50　工程计算书

序号	项目名称	计算式	工程量

训练 2：编制分部分项工程工程量清单(表 3-51)。

表 3-51　分部分项工程工程量清单

序号	项目编码	项目名称	项目特征	单位	工程量

◇**任务实施**

动力工程项目算量关键点包括下列内容。

(1) 控制箱、配电箱、插座箱应按设计图示数量计算,单位为"台"。

(2) 交流异步电动机应按设计图示数量计算,单位为"台"。

(3) 电力、控制电缆应按设计图示尺寸以长度计算(含预留长度和附加长度),单位为"m"。

(4) 电力、控制电缆头应按设计图示数量计算,单位为"个"。

(5) 接地极应按设计图示数量计算,单位为"根"或"块"。

(6) 接地母线按设计图示尺寸以长度计算(含附加长度),单位为"m"。

（7）配管、桥架应按设计图示尺寸以长度计算，单位为"m"。

（8）配线应按设计图示尺寸以单线长度计算（含预留长度），单位为"m"。

（9）接地装置应按设计图示数量计算，单位为"系统"或"组"。

📖 知识链接

1. 动力配电箱：按不同型号、规格、安装方式分别列项计量。

2. 交流异步电动机：按不同容量（功率）分别列项计量，可参照上海地区预算定额设置项目并计量（如上海地区按功率可分为 3 kW、13 kW、30 kW、55 kW 等）。

问题互动：

根据图 3-35，确定低压交流异步电动机的项目有_____个，工程量分别为_____台。

3. 电缆敷设长度＝（水平长度＋垂直长度＋预留长度）×（1＋附加长度 2.5%）。

水平长度为配电柜（箱）至电动机的距离。

垂直长度＝配电箱距地高度＋室内外高差＋埋深或管口出地面高度＋埋深。

预留长度＝配电箱（2 m）、电动机（0.5 m）、电缆头（1.5 m）。

附加长度为 2.5%。

问题互动：

根据图 3-36，计算 N2 回路电缆的工程量为_____m。

4. 电缆头：以"个"为单位，一根电缆两个终端头。

问题互动：

根据图 3-36，确定电缆头的项目有_____个，工程量分别为_____个。

5. 接地极：按不同土质、材质、规格设置项目并计量。

问题互动：

根据图 3-35，计算接地极项目的工程量为_____。

6. 接地母线长度＝（水平长度＋垂直长度＋进配电箱预留长度）×（1＋附加长度 3.9%），单位为"m"。

水平长度＝接地极之间水平长度＋建筑物外墙至接地极水平长度＋配电箱至外墙皮水平长度。

垂直长度＝配电箱距地高度＋室内外高差＋接地极埋地深度。

进配电箱预留长度按设计长度为宜。

附加长度为 3.9%。

问题互动：

根据图 3-35，计算接地母线项目的工程量为_____。

施工说明：

① 动力配电箱安装高度距地 0.2 m；② 钢管埋地深 0.2 m；③ 接至动力设备处距地

0.2 m;

④ 室内外高差 600 mm;⑤接地母线进动力配电箱内预留长度 0.5 m。

7. 配管长度＝水平长度＋垂直长度(同电缆)。

注：设计未标注,管口穿出地面按 200 mm 计算,管子埋深按 200 m 进行计算。

问题互动：

根据图 3-35,计算 SC25 配管的工程量为＿＿＿＿＿；SC50 配管工程量为＿＿＿＿＿。

8. 配线长度＝(各段配管工程量＋预留长度)×导线根数。

其中,预留长度为进配电箱为半周长(箱宽＋箱高),进电动机按 1 m。

问题互动：

根据图 3-35,计算 BV25 配线工程量为＿＿＿＿＿；BV16 配线工程量为＿＿＿＿＿；计算 BV10 配线工程量为＿＿＿＿＿。

9. 接地装置项目特征内容结合定额描述的内容包括：接地网、避雷带接地电阻的测定,以"系统"为计量单位;防雷接地装置接地电阻的测定,以"组"为计量单位。

问题互动：

根据图 3-35,计算接地装置项目的工程量为＿＿＿＿＿。

技能训练

根据图 3-36 和"施工说明",计算动力工程项目工程量填入工程量计算书(表 3-52)。

表 3-52　工程量计算书

序号	项目名称	计算式	工程量

💬 **自主实践**

通过完成课堂实训任务,可以重温防雷接地项目的设置,进一步熟悉防雷接地项目的算量规则,认知防雷接地项目工程量清单的编制原理,课后可加以拓展。

任务评价

根据各小组的实践活动完成情况,分别由学生自评、小组其他成员互评和任课教师评价,完成项目实践活动评价记录。

个人自评、小组互评、教师评价记录

个人自评:计算结果合理性	精确 ☐	较精确 ☐	还需改进 ☐
清单编制完整性	完整 ☐	较完整 ☐	还需改进 ☐
小组互评:整体训练效果	很好 ☐	较好 ☐	一般 ☐
教师评价:实训完成质量	堪称完美 ☐	继续保持 ☐	还需努力 ☐

注意事项

动力工程涉及的内容较多,注意在项目设置和计量时,避免出现重复和遗漏。

任务三　动力工程练习

▶ **练习目标**

1. 根据动力工程施工图,结合工程设计说明,完成工程计算书的编制。

2. 根据工料机市场价格信息,结合《上海市安装工程预算定额》(SH 02—31—2016),完成动力配电箱项目的综合单价分析表编制。

3. 根据工程相关费用资料,结合《通用安装工程工程量计算规范》(GB 50856—2013),完成分部分项工程工程量清单的编制。

4. 完成实践活动评价。

▶ **模块活动设计**

(1) 根据图 3-37 和表 3-53,结合《通用安装工程工程量计算规范》(GB 50856—2013)与《上海市安装工程预算定额》(SH 02—31—2016),完成动力工程分部分项工程量清单。

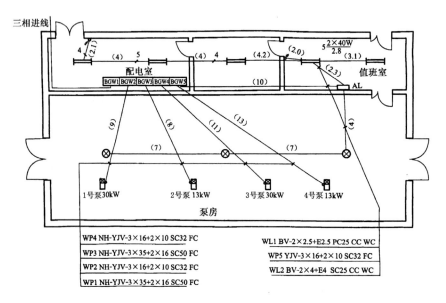

图 3-37　某小区配电室及泵房电力平面图

表 3-53　电力照明相关图例一览

图例	名称、型号、规格	备注
▭	暗装照明配电箱 AL,500 mm×400 mm×220 mm（宽×高×厚）	底边距地 1.4 m;暗装
▭	格栅荧光灯,XD512—Y,2×20 W	吸顶安装
⊗	工厂罩灯 GCC,1×32 W	吸顶安装
⚡	双联单控跷板开关,B5B2/1,250 V/16 A	距地 1.4 m 暗装
⚡	三联单控跷板开关,B5B3/1,250 V/16 A	距地 1.4 m 暗装

（2）根据相关费用表计算动力配电箱 PD1 的综合单价,填写综合单价分析表。其中,管理费、利润分别按人工费的 28% 和 6% 计算,人工费单价为 185 元/工日、10 号槽钢理论重量为 10 kg/m。

【咨询阶段】

（1）收集"模块五"学习资料(笔记、练习题、作业等)。

（2）理解工程图示的内容,分析动力工程系统原理,完成操作训练活动的要求。

【实践活动实施】

（1）以电气工程施工图为依据,分析动力工程项目组成和计量规则。

（2）以《通用安装工程工程量计算规范》(GB 50856—2013)为基础,分析动力工程项目特征描述。

（3）以《上海市安装工程预算定额》（SH 02—31—2016）为参照，分析动力工程项目计价方法。

【工程设计说明】

1. 配电室电源引自小区变压器室，内设 5 台 BGM 型低压开关柜，规格为 1 000 mm×2 000 mm×600 mm，离地 0.2 m，落地安装在 10 号基础槽钢上。

2. 四台水泵电源 WP1、WP2、WP3、WP4 分别来自低压开关柜 BGM2、BGM3、BGM4、BGM5。

3. 值班室设置照明配电箱 AL，电源来自 BGM5 低压开关柜，规格为 500 mm×400 mm×220 mm，墙内暗装，底边距地 1.4 m。AL 分两个回路 WL1、WL2，WL1 供值班室及配电室照明，WL2 供泵房照明。图 3-37 中未标注管内穿线根数的均为 3 根。

4. 水泵房内设吸顶式工厂罩灯，由配电箱 AL 集中控制。值班室及配电室内采用荧光灯照明，暗装开关底边距地 1.4 m，顶管标高 3.600 m。

5. 线缆配管埋地深度为 200 mm，水泵接线处线管距地面高度为 300 mm。

【实操训练内容和相关材料】

工料机市场信息见表 3-54。

表 3-54　工料机市场信一览

定额编号	项目名称	计量单位	安装费/元			主材	
			人工费	材料费	机械费	单价	损耗率
03-4-4-25	落地式动力配电箱	台	392	29	7	5 800 元/台	
03-4-13-1	基础槽钢制作	10 m	145	63	40	5 100 元/t	5%
03-4-13-3	基础槽钢安装	10 m	73	19	14		

【实践训练要求】

训练 1：列出动力工程项目名称，并计算工程量，填入工程计算书（表 3-55）。

训练 2：编制分部分项工程工程量清单（表 3-56）。

训练 3：编制动力配电箱项目综合单价分析表（表 3-57）。

表 3-55　工程计算书

序号	项目名称	计算式	工程量

序号	项目名称	计算式	工程量

表 3-56　分部分项工程工程量清单

序号	项目编码	项目名称	项目特征	单位	工程量

表 3-57　综合单价分析表

项目编码				项目名称				计量单位			
清单综合单价组成明细											
定额编码	定额名称	定额单位	数量	单价				合价			
				人工费	材料费	机械费	管理费和利润	人工费	材料费	机械费	管理费和利润
人工单价				小计							
元/工日				未计价材料费							
综合单价											

材料费明细	主要材料名称、规格、型号	单位	数量	单价	合价	暂估单价/元	暂估合价/元
	其他材料费						
	材料费小计						

【实践活动评价】

根据各小组的实践活动完成情况,分别由学生自评、小组其他成员互评和任课教师评价,完成项目实践活动评价记录。

个人自评、小组互评、教师评价记录

个人自评：项目设置正确性	正确 ☐	较正确 ☐	还需改进 ☐
计算结果准确性	精确 ☐	较精确 ☐	还需改进 ☐
清单编制完整性	完整 ☐	较完整 ☐	还需改进 ☐
综合单价合理性	合理 ☐	较合理 ☐	还需改进 ☐
小组互评：整体训练效果	很好 ☐	较好 ☐	一般 ☐
教师评价：练习完成质量	堪称完美 ☐	继续保持 ☐	还需努力 ☐

模块六　电气工程综合计量与计价练习

练习目标

1. 根据电气安装工程施工图,结合工程概况,完成工程计算书的编制。

2. 根据工程相关费用资料,结合《通用安装工程工程量计算规范》(GB 50856—2013),完成分部分项工程清单计价表的编制。

3. 根据所给的投标报价取费标准,结合工程量清单计价规范,编制电气安装工程投标报价汇总表。

4. 完成实践活动评价。

练习活动设计

通过"项目三"的学习后,要根据图 3-38 某小区配电室及泵房电力平面图所示,结合《通用安装工程工程量计算规范》(GB 50856—2013)和《上海市安装工程预算定额》(SH 02—31—2016),完成电气安装工程投标报价的编制。

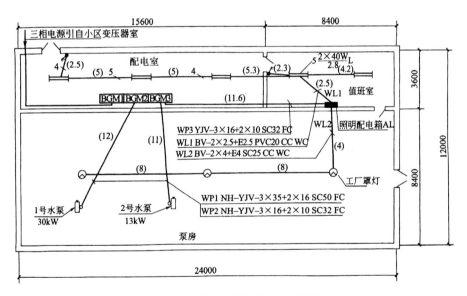

图 3-38　配电室及泵房电力平面图

【咨询阶段】

1. 收集"项目三"学习资料(笔记、练习题、作业等)。

2. 了解项目的工程概况、实操训练内容和相关资料。

3. 明确实操训练要求。

【练习活动实施】

1. 以电气安装工程施工图为依据,分析电气安装工程项目组成和计量规则。

2. 以《通用安装工程工程量计算规范》(GB 50856—2013)为基础,分析电气安装工程项目特征描述。

3. 以《上海市安装工程预算定额》(SH 02—31—2016)为参照,分析电气工程项目计价原理。

【项目工程概况】

1. 配电室电源引自小区变压器室,内设 3 台 BGM 型低压开关柜,规格为 1 000 mm×2 000 mm×600 mm,落地安装在 10 号基础槽钢上,距地 0.1 m。

2. 两台水泵电源 WP1、WP2 分别来自 BGM2、BGM3 号低压开关柜,管线埋深 0.2 m,管口出地面 0.2 m。

3. 值班室设照明配电箱 AL,规格为 500 mm×400 mm×220 mm,墙内暗装,底边距地 1.4 m,电源来自 BGM3 号低压开关柜。AL 分两个回路 WL1、WL2,WL1 供值班室及配电室照明,WL2 供泵房照明。图 3-38 中未注明线路为 3 根线穿 PC20,4~5 根线穿 PC25。配管水平长度见图 3-38 中的括号内数字,单位为"m"。

4. 水泵房内设吸顶式工厂罩灯,由配电箱 AL 集中控制;值班室及配电室内采用荧光灯照明;三联单控及双联单控暗装开关底边距地 1.4 m。

5. 泵房、配电室、值班室室内地面标高±0.000,顶板敷管标高 3.500 m,入户电源不予考虑。

【实操训练内容和相关材料】

1. 某小区配电室及泵房各类费用资料见表 3-58。

表 3-58　某小区配电室及泵房各类费用一览

定额编号	项目名称	单位	单价/元			主材费		
			人工	材料	机械	名称	单价	损耗率
03-4-4-25	动力配电柜落地式	台	309.75	67.35	12.9	低压开关柜	8 000 元/台	
03-4-13-1	基础槽钢制作	10 m	114.45	56.4	22.8			
03-4-13-3	基础槽钢安装	10 m	58.05	30.5	8			
03-4-4-31	嵌墙式照明配电箱	台	129	35.8	2.5	照明配电箱	1 500 元/台	
03-4-11-61	钢管暗敷 SC50	100 m	1 717.5	146.72	35.69	焊接钢管 50	13.6 元/m	3%
03-4-11-59	钢管暗敷 SC32	100 m	955.95	103.68	26.3	焊接钢管 32	9.4 元/m	3%
03-4-11-58	钢管暗敷 SC25	100 m	924.75	100.47	26.3	焊接钢管 25	8.6 元/m	3%
03-4-11-160	塑料管暗敷 PC20	100 m	660	88.53		易弯塑料管	2.5 元/m	6%
03-4-8-62	五芯耐火电力电缆 35 mm²	100 m	729.75	18.6	6	耐火电缆 35 mm²	49.6 元/m	1%

（续表）

定额编号	项目名称	单位	单价/元			主材费		
			人工	材料	机械	名称	单价	损耗率
03-4-8-62	五芯耐火电力电缆 16 mm²	100 m	729.75	18.6	6	耐火电缆 16 mm²	37.6 元/m	1%
03-4-8-62	五芯电力电缆 16 mm²	100 m	729.75	18.6	6	电缆 16 mm²	32.3 元/m	1%
03-4-11-282	管内穿线 BV4	100 m 单线	81	17.65		绝缘导线 4 mm²	2.73 元/m	9.25%
03-4-11-281	管内穿线 BV2.5	100 m 单线	121.5	19.44		绝缘导线 2.5 mm²	1.67 元/m	16.48%
03-4-8-118	电缆终端头干包式 35 mm²	个	66.2	47.9	2.5	塑料手套	12.6 元/个	5%
03-4-12-17	吸顶式工厂罩灯	10 套	198	54.28		成套灯具	62 元/套	1%
03-4-12-50	链吊式双管荧光灯	10 套	276	30.86		成套灯具	120 元/套	1%
03-4-12-357	三联单控暗装开关	10 套	90	12.35		开关	26.7 元/个	2%
03-4-11-399	开关盒暗装	10 个	49.5	0.78		开关盒	2.2 元/个	2%
03-4-11-398	灯头盒暗装	10 个	46.5	0.8		灯头盒	2.4 元/个	2%
03-4-11-401	接线盒盖板安装	10 个	17.55	0.66		接线盒盖板	0.5 元/个	2%
03-4-6-13	交流电动机检查接线 13 W	台	233.85	23.37	14.4			
03-4-6-14	交流电动机检查接线 30 W	台	366.15	26.83	19.8			

2. 投标报价取费标准重点在以下几个方面。

（1）管理费和利润按人工费的 35% 计取。

（2）专业措施项目（脚手架）按定额相关规定计取。

（3）安全文明施工措施费为分部分项工程费的 3.4%。

（4）其他措施项目费的费率为 1.4%。

（5）其他项目：暂列金额按分部分项工程费的 15% 考虑,安装专业工程暂估价为 2 500 元。其中,人工费占 20%,总包服务费按专业工程费的 3%,计日工人工费为 1 200 元,材料费为 250 元,机械费为 75 元。

（6）社会保险费按人工费（分部分项、专业措施费、专业工程暂估价中人工费）的 32.6%,住房公积金按人工费（分部分项、专业措施费、专业工程暂估价中人工费的 1.59%。

（7）增值税为 9%。

【实践训练要求】

训练1：列出电气安装工程项目名称,并计算工程量,填入工程计算书（表 3-59）。

训练2：编制分部分项工程清单计价表（表 3-60）。

训练3：编制电气安装工程投标报价汇总表（表 3-61）。

表 3-59 工程计算书

序号	项目名称	计算式	工程量
1			
2			
3			
4			
5			
6			
7			
8			
9			
10			
11			
12			
13			
14			
15			
16			
17			
18			
19			
20			

表 3-60   分部分项工程清单计价表

序号	项目编码	项目名称	项目特征	单位	工程量	单价/元	合价/元
1							
2							
3							
4							
5							
6							
7							
8							
9							
10							
11							
12							
13							
14							
15							
16							
17							
18							
19							
20							

表 3-61　电气安装工程投标报价汇总表

序号	项目内容	计算式	金额/万元	其中：人工费
1	分部分项工程			
2	措施项目			
2.1	安全文明施工费			
2.2	专业措施项目费			
2.2.1	脚手架搭拆费			
2.3	其他措施项目费			
3	其他项目			
3.1	暂列金额			
3.2	暂估价			
3.3	总包服务费			
4	规费			
4.1	社会保障费			
4.2	住房公积金			
5	增值税			
	投标报价合计			

【实践活动评价】

根据各小组的实践活动完成情况，分别由学生自评、小组其他成员互评和任课教师评价，完成项目实践活动评价记录。

个人自评、小组互评、教师评价记录

个人自评：项目设置正确性	正确 □		较正确 □		还需改进 □	
计算结果准确性	精确 □		较精确 □		还需改进 □	
清单编制完整性	完整 □		较完整 □		还需改进 □	
投标报价合理性	合理 □		较合理 □		还需改进 □	
小组互评：整体训练效果	很好 □		较好 □		一般 □	
教师评价：实训完成质量	堪称完美 □		继续保持 □		还需努力 □	

项目 四

给排水工程计量与计价

学习目标

1. 认知给排水工程基本原理,能熟练识读给排水工程图纸。

2. 根据给排水工程图纸,列出给排水工程项目名称,并计算工程量。

3. 运用《上海市安装工程预算定额》(SH 02—31—2016),编制给排水工程项目综合单价。

4. 结合《通用安装工程工程量计算规范》(GB 50856—2013),编制给排水工程工程量清单计价表。

学习内容

1. 给排水工程基本原理。

2. 给排水工程项目计量与计价。

学习成果

1. 完成给排水工程项目计算书编制。

2. 完成分部分项工程量清单计价表编制。

3. 完成给排水工程造价汇总表编制。

模块一 认知给排水工程基本原理

▶ **知识目标**

1. 认知《通用安装工程工程量计算规范》(GB 50856—2013)中给排水工程的适用范围。

2. 认知给排水工程项目组成内容。

3. 认知给排水工程清单列项与定额列项区别。

4. 熟悉给排水工程项目设置。

5. 完成课堂活动评价。

▶▶ 课堂实训任务

【实训活动实施】

根据某三层办公楼卫生间平面图和给排水系统图(图 4-1—图 4-5),结合"设计说明"和清单规范列出项目名称、项目编码。

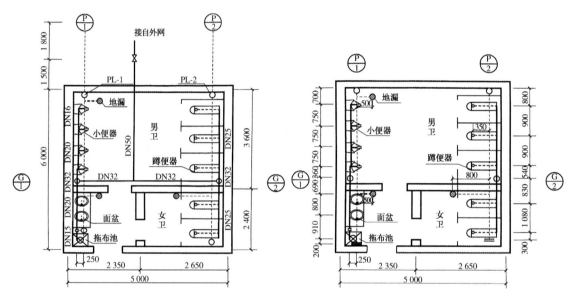

图 4-1　某办公楼卫生间底层平面图　　　　图 4-2　某办公楼卫生间二、三层平面图

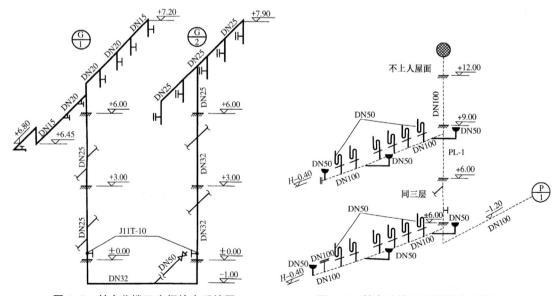

图 4-3　某办公楼卫生间给水系统图　　　　图 4-4　某办公楼卫生间排水系统(一)

设计说明:

（1）给水管道均为镀锌钢管,螺纹连接。排水管道为 UPVC 塑料排水管,粘接。

（2）卫生器具全部明装,蹲便器采用手压阀冲洗;小便器为挂式小便器,延时自闭阀冲洗;面盆用水龙头为普通冷水龙头;混凝土拖布池尺寸为 500 mm×600 mm,落地式安装,普通水龙头,排水地漏带水封。

（3）给水排水管道穿外墙和屋面均采用刚性防水套管,穿内墙及楼板均采用普通钢套管。

（4）给水排水管道安装完毕,按规范进行消毒、冲洗、水压试验和试漏。

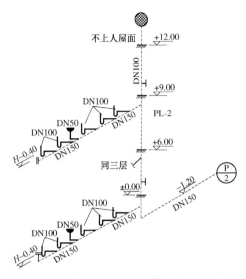

图 4-5　某办公楼卫生间排水系统(二)

【实践训练要求】

填写分部分项工程工程量清单(表 4-1)中项目编码和项目名称。

表 4-1　分部分项工程工程量清单

序号	项目编码	项目名称	项目特征	单位	工程量

知识链接

1. 给排水系统构造及给排水管道示意可见图 4-6—图 4-8。

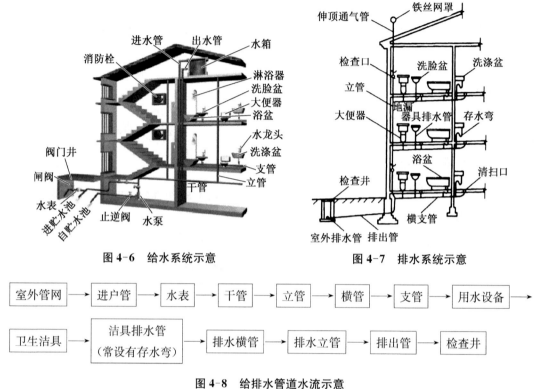

图 4-6　给水系统示意

图 4-7　排水系统示意

图 4-8　给排水管道水流示意

问题互动：

列出下列图片给排水工程内容。

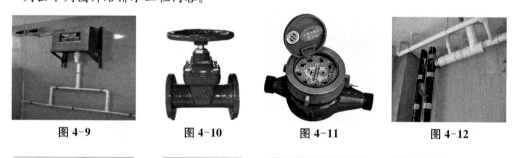

图 4-9　　　　　　图 4-10　　　　　　图 4-11　　　　　　图 4-12

2. 给排水工程项目由给排水管道（031001）、支架及其他（031002）、管道附件（031003）、卫生器具（031004）等组成。

3. 给排水管道项目划分（031001）主要包括以下内容。

镀锌钢管（031001001）、钢管（031001002）、不锈钢管（031001003）、铜管（031001004）、铸铁管（031001005）、塑料管（031001006）等。

4. 支架及其他项目划分(031002)主要包括以下内容。

管道支架(031002001)、设备支架(031002002)、套管(031002003)等。

5. 管道附件划分(031003)主要包括以下内容。

螺纹阀门(031003001)、螺纹法兰阀(031003002)、焊接法兰阀门(031003003)、塑料阀门(031003005)、法兰(031003011)、水表(031003013)等。

6. 卫生器具划分(031004)主要包括以下内容。

浴缸(031004001),洗脸盆(031004003),洗涤盆(031004004),大便器(031004006),小便器(031004007),烘手器(031004009),淋浴器(031004010),淋浴间(031004011),大、小便槽自动冲洗水箱(031004013),给排水附(配)件(031004014),小便槽冲洗管(031004015)和饮水器(031004018)等。

7. 清单列项与定额列项区别在于：清单项目名称应按附录的项目名称结合拟建工程的实际确定;定额项目名称按拟建工程项目实际予以描述,详细叙述项目的特征、规格和安装方式等内容。

问题互动：

(1) 根据图 4-13,列出给排水项目的定额名称_____和清单项目名称_____。

图 4-13

(2) 根据下列图片写出给排水工程的项目名称。

图 4-14　　　　图 4-15　　　　图 4-16　　　　图 4-17

_____　_____　_____　_____

(3) 根据图 4-18 确定所圈出的管道项目名称。

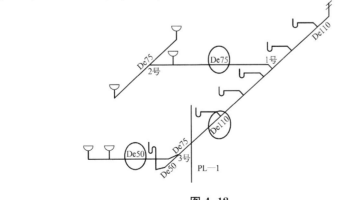

图 4-18

① _____;② _____;③ _____。

（4）根据图 4-19 和图 4-20，写出所圈项目的名称_____。

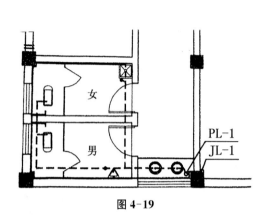

图 4-19

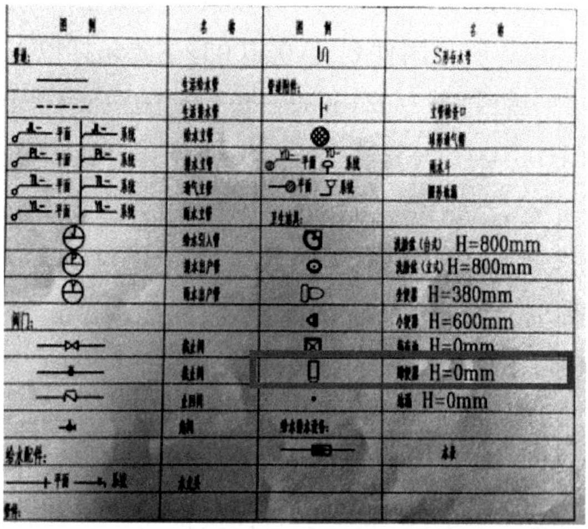

图 4-20　给排水工程实例

自主实践

通过完成课堂实训任务，明确给排水工程项目的设置，进一步对应给排水工程项目编码设置，掌握给排水工程工程量清单的编制原理，准确填写项目名称和项目编码，课后可加以拓展。

任务评价

根据各小组的实践活动完成情况，分别由学生自评、小组其他成员互评和任课教师评价，完成项目实践活动评价记录。

个人自评、小组互评、教师评价记录

个人自评：项目名称准确性	正确 □	较正确 □	还需改进 □
编码书写合理性	精确 □	较精确 □	还需改进 □
项目设置完整性	完整 □	较完整 □	还需改进 □
小组互评：整体训练效果	很好 □	较好 □	一般 □
教师评价：实训完成质量	堪称完美 □	继续保持 □	还需努力 □

模块二 编制给排水工程项目计算书和计价表

任务一 给排水管道项目计量

▶▶ 任务目标

1. 根据给排水工程系统图,列出给排水管道项目名称。

2. 依据给排水工程平面图,结合给排水管道项目工程量计算规则,计算给排水管道项目的工程量。

3. 结合《通用安装工程工程量计算规范》(GB 50856—2013),编制给排水管道项目的工程量清单。

▶▶ 情景设计

1. 以给排水工程施工图为依据,分析给排水管道项目的设置。

2. 以《通用安装工程工程量计算规范》(GB 50856—2013)工程量计算规则为参考,运用给排水管道项目算量方法。

3. 以《通用安装工程工程量计算规范》(GB 50856—2013)为基础,分析给排水管道项目特征描述。

▶▶ 课堂实训任务

根据某三层办公楼卫生间平面图和给排水系统图(图 4-1—图 4-5),结合"设计说明"和清单规范,编制给排水管道项目的工程量计算书和工程量清单。

设计说明:

(1) 本工程为某办公楼卫生间的给排水工程,该办公楼共三层,层高为 3 m,相关工程图中平面尺寸以"mm"计,标高为"m"计,墙体厚度均为 240 mm。

(2) 给水管道均为镀锌钢管,螺纹连接。给水立管与墙体的中心距离均为 200 mm。排水管道为 UPVC 塑料排水管,粘接。排水立管与墙体的中心距离均为 200 mm,透气管距屋顶为 0.7 m。

(3) 给排水管道安装完毕,按规范进行消毒、冲洗、水压试验和试漏。

训练1:列出给排水管道项目名称,并计算工程量,填入工程计算书(表 4-2)。

表 4-2　给排水工程项目工程计算书

序号	项目名称	计算式	工程量
1			
2			
3			
4			
5			

训练 2：编制分部分项工程工程量清单(表 4-3)。

表 4-3　分部分项工程工程量清单

序号	项目编码	项目名称	项目特征	单位	工程量
1					
2					
3					
4					
5					

任务实施

1. 给排水管道项目设置。

(1) 给排水管道种类：镀锌钢管、钢管、不锈钢管、铜管、铸铁管、塑料管、复合管等。

(2) 给排水管道规格：DN15、DN20、DN25、DN32 等。

(3) 连接形式：焊接、热熔、粘接等。

(4) 压力试验及吹洗设计要求：水压试验、消毒冲洗、闭水试验、水冲洗等。

2. 给排水管道项目算量规则：管道均以施工图所示中心长度计算，不扣除管件、附件（如地漏）所占的长度。

3. 给排水管道的清单规范见表 4-4。

表 4-4　给排水、采暖、燃气管道（编码：031001）

项目编码	项目名称	项目特征	计量单位	工程量计算规则	工作内容
031001001	镀锌钢管	1. 安装部位 2. 介质 3. 规格、压力等级 4. 连接形式 5. 压力试验及吹、洗设计要求 6. 警示带形式	m	按设计图示管道中心线以长度计算	1. 管道安装 2. 管件制作、安装 3. 压力试验 4. 吹扫、冲洗 5. 警示带铺设
031001002	钢管				
031001003	不锈钢管				
031001004	钢管				
031001005	铸铁管	1. 安装部位 2. 介质 3. 材质、规格 4. 连接形式 5. 接口材料 6. 压力试验及吹、洗设计要求 7. 警示带形式			1. 管道安装 2. 管件安装 3. 压力试验 4. 吹扫、冲洗 5. 警示带铺设
031001006	塑料管	1. 安装部位 2. 介质 3. 材质、规格 4. 连接形式 5. 阻火圈设计要求 6. 压力试验及吹、洗设计要求 7. 警示带形式			1. 管道安装 2. 管件安装 3. 塑料卡固定 4. 阻火圈安装 5. 压力试验 6. 吹扫、冲洗 7. 警示带铺设
031001007	复合管	1. 安装部位 2. 介质 3. 材质、规格 4. 连接形式 5. 压力试验及吹、洗设计要求 6. 警示带形式			1. 管道安装 2. 管件安装 3. 塑料卡固定 4. 压力试验 5. 吹扫、冲洗 6. 警示带铺设

知识链接

1. 应区分给排水管道不同安装部位、介质、管材材质、规格等，设置项目的名称。

2. 给排水管项目包括接头零件安装。

3. 给水管项目包括水压试验和水冲洗，排水管项目包括灌水（闭水）及通球试验。

4. 算量规则应注意管道均以施工图所示中心长度计算，不扣除阀门、管件、附件所占的长度。

工程量计算：水平长度＋垂直长度。

水平长度：根据平面图按比例量截。

垂直长度：根据标高差计算。

5. 项目特征描述内容如下。

(1) 安装部位：室内、室外。

(2) 介质：排水，给水。

(3) 规格：DN100、De110 等。

(4) 连接形式：焊接、热熔、粘接等。

(5) 压力试验及吹洗设计要求：水压试验、消毒冲洗、闭水试验、水冲洗等。

技能训练

1. 根据图 4-21 给水系统图，回答问题。

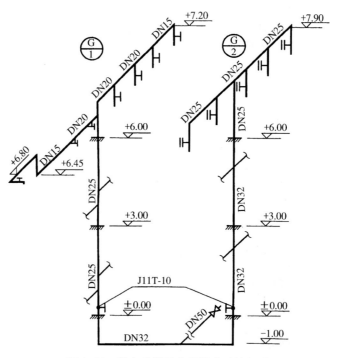

图 4-21　某办公楼卫生间给水系统(一)

(1) 左边给水立管 DN32 与 DN25 的划分界限标高为_____m，DN25 与 DN20 划分界限为_____m。

(2) 右边给水立管 DN32 与 DN25 的划分界限为_____ m。

(3) DN25 给水管垂直长度为_____ m。

(4) DN32 给水管垂直长度为_____ m。

2. 根据图 4-22 排水系统图,回答问题。

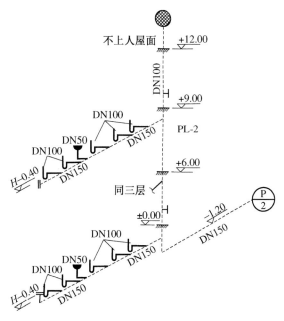

图 4-22　某办公楼卫生间排水系统(二)

(1) 排水立管 DN150 与 DN100 的划分界限标高为_____m。

(2) DN150 排水立管垂直长度为_____m。

(3) DN100 排水立管垂直长度为_____m(透气帽出屋面 0.7 m)。

💬 自主实践

通过完成课堂实训任务,明确给排水管道项目的设置,进一步熟悉给排水管道项目的算量规则,掌握给排水管道项目工程量清单的编制原理,课后可加以拓展。

任务评价

根据各小组的实践活动完成情况,分别由学生自评、小组其他成员互评和任课教师评价,完成项目实践活动评价记录。

个人自评、小组互评、教师评价记录

个人自评:项目设置准确性	正确	☐	较正确	☐	还需改进	☐
计算结果合理性	精确	☐	较精确	☐	还需改进	☐
清单编制完整性	完整	☐	较完整	☐	还需改进	☐
小组互评:整体训练效果	很好	☐	较好	☐	一般	☐
教师评价:实训完成质量	堪称完美	☐	继续保持	☐	还需努力	☐

注意事项

1. 给水管道算量注意事项。

(1) 室内外管道划分界限以建筑物外墙皮 1.5 m 为界,入口处设阀门的以阀门为界。

(2) 与市政管道界限以水表井为界,无水表井的,以与市政管道碰头点为界。

(3) 不同管径管道变径点一般在三通处。

(4) 注意与卫生洁具的分界线,给水管道工程量计算至卫生器具(含附件)前与管道系统连接的第一个连接件(角阀、三通、弯头、管箍等)为止。

2. 排水管道算量注意事项。

(1) 室内外管道室内外以出户第一个排水检查井为界。

(2) 室外管道与市政管道界限以与市政管道碰头井为界。

(3) 不同管径管道变径点一般在三通处。

(4) 排水管道工程量自卫生器具出口处的地面或墙面的设计尺寸算起;与地漏连接的排水管道自地面设计尺寸算起,不扣除地漏所占的长度。

任务二　支架与其他项目计量

▶▶ 任务目标

1. 根据给排水工程图纸,列出支架与其他项目名称。

2. 依据给排水工程平面图,结合支架与其他项目工程量计算规则,计算支架与其他项目的工程量。

3. 结合《通用安装工程工程量计算规范》(GB 50856—2013),编制支架与其他项目的工程量清单。

▶▶ 情景设计

1. 以给排水工程施工图为依据,分析支架与其他项目的设置。

2. 以《通用安装工程工程量计算规范》(GB 50856—2013)工程量计算规则为参考,运用支架与其他项目算量方法。

3. 以《通用安装工程工程量计算规范》(GB 50856—2013)为基础,分析支架与其他项目特征描述。

⟫⟫ 课堂实训任务

根据某三层办公楼卫生间平面图和给排水系统图(图 4-1—图 4-5),并结合"设计说明"和清单规范,编制套管项目的工程量清单。

设计说明:

给水排水管道穿外墙和屋面均采用刚性防水套管,穿内墙及楼板(一层除外)均采用普通钢套管。

训练:编制分部分项工程工程量清单(表 4-5)。

表 4-5　分部分项工程工程量清单

序号	项目编码	项目名称	项目特征	单位	工程量
1					

◇ 任务实施

1. 支架与其他项目设置。

(1) 分类:管道支架(图 4-23)、设备支架、套管等。

(2) 管架形式:现场制作、成品管架等。

(a)

(b)

图 4-23　管道支架示意

2. 支架与其他项目算量规则如下所列。

(1) 支架:包含两种计量单位,以 kg 计量,按设计图示"质量"计算,或者以"套"计量,按设计图示数量计算;计量单位为"kg"或"套"。

(2) 套管:按设计图示数量计算,计量单位为"个"。

3. 支架及其他清单规范见表 4-6。

表 4-6 支架及其他(编码：031002)

项目编码	项目名称	项目特征	计量单位	工程量计算规则	工作内容
031002001	管道支架	1. 材质 2. 管架形式	1. kg 2. 套	1. 以 kg 计量,按设计图示质量计算 2. 以套计量,按设计图示数量计算	1. 制作 2. 安装
031002002	设备支架	1. 材质 2. 形式			
031002003	套管	1. 名称、类型 2. 材质 3. 规格 4. 填料材质	个	按设计图示数量计算	1. 制作 2. 安装 3. 除锈、刷油

知识链接

1. 应区分支架与其他项目的不同材质,管架方式等设置项目的名称。

2. 列项算量时应注意下列内容。

(1) 单件支架质量 100 kg 以上的管道支架按设备支架制作安装。

(2) 成品支架安装按相应管道支架或设备支架项目设置,不再计取制作费,支架本身价值含在综合单价中。

3. 项目特征描述。

(1) 材质：槽钢、角钢(8 号、L45×4)等。

(2) 管架形式：现场制作、成品管架等。

(3) 规格(套管)：DN50。

(4) 填料材质(套管)：无填料不填。

技能训练

1. 某工程塑料给水管采用型钢成品支架,共计 40 副,每副支架质量为 1.5 kg,请编制管道支架项目的工程量清单(表 4-7)。

表 4-7 管道支架项目工程量清单

序号	项目编码	项目名称	项目特征	单位	工程量
1					

2. 根据图 4-24,回答下列问题。

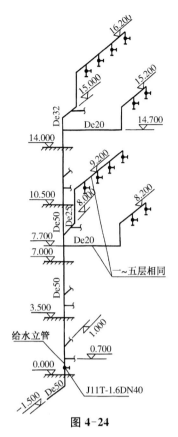

图 4-24

（1）假设穿楼板采用钢制套管，则给水管穿楼板的套管项目需设置_____个。

（2）按照规格有_____，各有_____个。

📣 自主实践

通过完成课堂实训任务，明确支架与其他项目的设置，进一步熟悉支架与其他项目的项目特征描述，认知支架与其他项目工程量清单的编制原理，课后可加以拓展。

任务评价

根据各小组的实践活动完成情况，分别由学生自评、小组其他成员互评和任课教师评价，完成项目实践活动评价记录。

个人自评、小组互评、教师评价记录

个人自评：项目设置准确性	正确 ☐	较正确 ☐	还需改进 ☐
计算结果合理性	精确 ☐	较精确 ☐	还需改进 ☐
清单编制完整性	完整 ☐	较完整 ☐	还需改进 ☐
小组互评：整体训练效果	很好 ☐	较好 ☐	一般 ☐
教师评价：实训完成质量	堪称完美 ☐	继续保持 ☐	还需努力 ☐

注意事项

（1）名称包括钢套管、防水套管、防火套管等。

（2）套管一般设置在穿墙、穿楼板和屋面处。

（3）材质：塑料、碳钢、不锈钢等。

（4）套管规格描述按介质管道的管径确定（一般套管规格比内穿管子大两号）。

（5）套管项目按不同类型、材质、规格分别列项。

任务三　管道附件项目计量

任务目标

1. 根据给排水工程系统图，列出管道附件项目名称。

2. 依据给排水工程平面图，结合管道附件项目工程量计算规则，计算管道附件项目的工程量。

3. 结合《通用安装工程工程量计算规范》（GB 50856—2013），编制管道附件项目的工程量清单。

情景设计

1. 以给排水工程施工图为依据，分析管道附件项目设置方法。

2. 以《通用安装工程工程量计算规范》（GB 50856—2013）工程量计算规则为参考，运用管道附件项目算量方法。

3. 以《通用安装工程工程量计算规范》（GB 50856—2013）为基础，分析管道附件项目特征描述。

课堂实训任务

根据某三层办公楼卫生间平面图和给水系统图（图 4-1—图 4-5），结合"设计说明"和清单规范，编制管道附件项目的工程量清单。

设计说明：工程阀门采用 J11W-10T 截止阀，螺纹连接。

训练：编制分部分项工程工程量清单（表 4-8）。

表 4-8　分部分项工程工程量清单

序号	项目编码	项目名称	项目特征	单位	工程量
1					

(续表)

序号	项目编码	项目名称	项目特征	单位	工程量
2					
3					

◇ 任务实施

1. 管道附件项目设置包括下列内容。

(1) 管道附件种类：阀门、法兰、水表等，具体见图4-25。

(2) 管道附件规格：螺纹阀门、焊接法兰阀门等。

(3) 管道附件连接方式：法兰连接、焊接等。

2. 管道附件项目算量规则如下。

按设计图示数量计算，阀门计量单位为"个"，法兰计量单位为"副"或"片"，水表计量单位为"组"或"个"。

3. 管道附件清单规范见表4-9。

图4-25　阀门示意图

表4-9　管道附件（编码：031003）

项目编码	项目名称	项目特征	计量单位	工程量计算规则	工作内容
031003001	螺纹阀门	1. 类型 2. 材质 3. 规格、压力等级 4. 连接形式 5. 焊接方法	个	按设计图示数量计算	1. 安装 2. 电气接线 3. 调试
031003002	螺纹法兰阀门				
031003003	焊接法兰阀门				
031003004	带短管甲乙阀门	1. 材质 2. 规格、压力等级 3. 连接形式 4. 接口方式及材质			
031003005	塑料阀门	1. 规格 2. 连接形式			1. 安装 2. 调试
031003011	法兰	1. 材质 2. 规格、压力等级 3. 连接形式	副（片）		安装
031003012	倒流防止器	1. 材质 2. 型号、规格 3. 连接形式	套		
031003013	水表	1. 安装部位(室内外) 2. 型号、规格 3. 连接形式 4. 附件配置	组（个）		组装

知识链接

1. 根据表 4-9 阀门信息和图 4-26 所示的表示方法,结合工程量计算规范,描述阀门的项目。

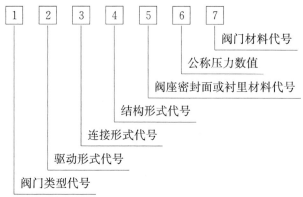

图 4-26 阀门型号代号示意

问题互动:

请找出阀门类型代号并连线。

闸阀	D
截止阀	H
球阀	J
蝶阀	Q
旋塞阀	X
止回阀	Z

2. 阀门连接形式代号见表 4-10。

表 4-10 阀门连接形式代号一览

连接形式	内螺纹	外螺纹	法兰	焊接	对夹	卡套
代号	1	2	3、4、5	6	7	8、9

注:法兰连接代号 3 仅用于双弹簧安全阀;法兰连接代号 5 仅用于杠杆式安全阀;单弹簧安全阀及其他类别阀门,系法兰连接时采用代号 4。

3. 阀门材料代号见表 4-11。

表 4-11 阀体材料代号一览

阀体材料	代号	阀体材料	代号
灰铸铁 HT25-47	Z	$Cr5M_0$	I
可锻铸铁 KT30-6	K	lCrl8Ni9Tl	P

（续表）

阀体材料	代号	阀体材料	代号
球墨铸铁 QT40-15	Q	Crl8Ni12M$_0$2Tl	R
黄铜 H62	T	12CrlM$_0$V	V
铸钢 ZG25ll	C		

问题互动：

请找出阀门材质代号并连线。

Cr5　　　　　　　　　　　　铜及铜合金

Cr18　　　　　　　　　　　　钛及钛合金

S　　　　　　　　　　　　　铝合金

Ti　　　　　　　　　　　　灰铸铁

T　　　　　　　　　　　　铬钼钢

L　　　　　　　　　　　　不锈钢

Z　　　　　　　　　　　　塑料

4. 阀门公称压力数值见表 4-12。

表 4-12　阀门公称压力数值一览

公称压力/MPa	0.1	0.25	0.6	1.0	1.6	2.5	4	6.4	10	16	20	32
对应的 PN/(kg·cm^{-2})	1	2.5	6	10	16	25	40	64	100	160	200	320

问题互动：

列出管道压力等级

低压：_____；中压：_____；

高压：_____；超高压：_____。

5. 项目特征描述如下。

(1) 类型：闸阀、截止阀、水表、法兰等。

(2) 材质：球墨铸铁、铜质、塑料等。

(3) 规格、压力等级：DN40、DN32、1.6 MPa 等。

(4) 连接形式：法兰连接、螺纹连接、承插连接等。

⚓ 技能训练

1. 水表计量单位按个计的是（　　）。

　　A. 法兰水表组成　　　　　　　　B. 有旁通管的水表组成

　　C. 螺纹水表组成　　　　　　　　D. IC 卡螺纹水表

2. 法兰阀门项目的综合内容不包括（　　）。

　　A. 阀门安装　　B. 法兰连接　　　C. 阀门支架　　　D. 阀门调试

3. 塑料阀门项目特征描述应包括的有( )。

    A. 材质   B. 规格   C. 压力等级   D. 连接形式

    E. 类型

4. 管径≤DN50且在给水管网经常启闭的管段上采用的阀门是( )。

    A. 闸阀   B. 蝶阀   C. 球阀   D. 截止阀

💬 自主实践

通过完成课堂实训任务,明确管道附件项目的设置,进一步熟悉管道附件项目的项目特征描述,认知管道附件项目工程量清单的编制原理,课后可加以拓展。

任务评价

根据各小组的实践活动完成情况,分别由学生自评、小组其他成员互评和任课教师评价,完成项目实践活动评价记录。

个人自评、小组互评、教师评价记录

个人自评:项目设置准确性	正确 ☐	较正确 ☐	还需改进 ☐
计算结果合理性	精确 ☐	较精确 ☐	还需改进 ☐
清单编制完整性	完整 ☐	较完整 ☐	还需改进 ☐
小组互评:整体训练效果	很好 ☐	较好 ☐	一般 ☐
教师评价:实训完成质量	堪称完美 ☐	继续保持 ☐	还需努力 ☐

注意事项

(1) 法兰阀门安装包括法兰连接,不得另计。

(2) 阀门安装如仅为一侧法兰连接时,应在项目特征中描述。

(3) 塑料阀门连接形式需注明热熔连接、粘接等方式。

任务四 卫生器具项目计量

洗脸盆项目
特征描述

➤➤ 任务目标

1. 根据给排水工程平面图和系统图,列出卫生器具项目名称。

2. 依据给排水工程平面图,结合卫生器具项目工程量计算规则,计算卫生器具项目的工程量。

3. 结合《通用安装工程工程量计算规范》(GB 50856—2013),编制卫生器具项目的工程量清单。

情景设计

1. 以给排水工程施工图为依据,分析卫生器具项目的设置。

2. 以《通用安装工程工程量计算规范》(GB 50856—2013)工程量计算规则为参考,运用卫生器具项目算量方法。

3. 以《通用安装工程工程量计算规范》(GB 50856—2013)为基础,分析卫生器具项目特征描述。

课堂实训任务

根据某三层办公楼卫生间平面图和排水系统图(图 4-1、图 4-2、图 4-4 和图 4-5),结合"设计说明"和清单规范,编制卫生器具项目的工程量清单。

设计说明:

卫生器具全部明装,蹲便器采用手压阀冲洗;小便器为挂式小便器,延时自闭阀冲洗;面盆用水龙头为普通冷水龙头;混凝土拖布池尺寸为 500 mm×600 mm,落地式安装,普通水龙头,排水地漏带水封。

训练：编制分部分项工程工程量清单(表 4-13)。

表 4-13　分部分项工程工程量清单

序号	项目编码	项目名称	项目特征	单位	工程量
1					
2					
3					

任务实施

1. 卫生器具项目设置包括下列内容。

(1) 卫生器具种类：浴缸、洗脸盆、大便器、小便器等、感应烘手机(图 4-27)。

(2) 卫生器具型号与规格：Voith HS-8513A、262 mm×249 mm×165 mm。

(3) 卫生器具组装形式：脚踏阀冲洗(大便器)、冷热水组装(洗脸盆)等。

2. 卫生器具项目算量规则。

按设计图示数量计算,计量单位为"组"或"个"或"套"或"m"。

图 4-27　感应烘手机

3. 卫生器具清单规范见表4-14。

表 4-14　卫生器具(编码: 031004)

项目编码	项目名称	项目特征	计量单位	工程量计算规则	工作内容
031004001	浴缸	1. 材质 2. 规格、类型 3. 组装形式 4. 附件名称、数量	组	按设计图示数量计算	1. 器具安装 2. 附件安装
031004002	净身盆				
031004003	洗脸盆				
031004004	洗涤盆				
031004005	化验盆				
031004006	大便器				
031004007	小便器				
031004008	其他成品卫生器具				
031004009	烘手器	1. 材质 2. 型号、规格	个		安装
031004010	淋浴器	1. 材质、规格 2. 组装形式 3. 附件名称、数量	套		1. 器具安装 2. 附件安装
031004011	淋浴间				
031004012	桑拿浴房				
031004013	大、小便槽自动冲洗水箱	1. 材质、类型 2. 规格 3. 水箱配件 4. 支架形式及做法 5. 器具及支架除锈、刷油设计要求			1. 制作 2. 安装 3. 支架制作、安装 4. 除锈、刷油
031004014	给排水附(配)件	1. 材质 2. 型号、规格 3. 安装方式	个(组)		安装
031004015	小便槽冲洗管	1. 材质 2. 规格	m	按设计图示长度计算	

知识链接

1. 应区分卫生器具不同种类、型号、规格、安装形式等设置项目的名称。

2. 卫生器具的类型和组装形式包括以下内容。

(1) 大便器的类型: 连体水箱坐式大便器、低水箱蹲式大便器等。

(2) 大便器组装形式: 脚踏阀冲洗、自动感应冲洗等。

(3) 洗脸盆的类型: 立式洗脸盆、台下式洗脸盆等。

(4) 洗脸盆组装形式: 冷热水组装等。

3. 卫生器具的附件名称具体如下。

（1）大便器附件包括脚踏式冲洗阀和感应控制器，这 2 种附件各设 1 个，如图 4-28 和图 4-29 所示。

图 4-28　脚踏式冲洗阀

图 4-29　感应控制器

注：坐式大便器附件以进水角阀为主。

（2）洗脸盆附件名称包括冷热水嘴和角阀，冷热水嘴设 1 个，角阀设 2 个，如图 4-30 和图 4-31 所示。

图 4-30　冷热水嘴

图 4-31　角阀

图 4-32　小便器

4. 小便器项目特征描述。

（1）材质：陶瓷。

（2）类型：落地式小便器（图 4-32）。

（3）组装形式：自闭阀冲洗。

（4）附件名称、数量：自闭阀、1 个。

⚓ **技能训练**

1. 根据图片写出下列卫生器具的项目名称。

图 4-33

图 4-34

图 4-35

_____

_____

_____

图 4-36

图 4-37

图 4-38

2. 根据图 4-39 和图 4-40,编制给排水附(配)件项目工程量清单(表 4-15)。

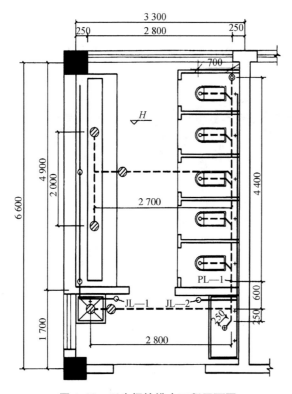

图 4-39 卫生间给排水工程平面图

图 4-40 地漏示意

表 4-15 分部分项工程工程量清单

序号	项目编码	项目名称	项目特征	单位	工程量
1					
2					

自主实践

通过完成课堂实训任务，明确卫生器具项目的设置，进一步了解卫生器具项目的项目特征描述，认知卫生器具项目工程量清单的编制原理，课后可加以拓展。

任务评价

根据各小组的实践活动完成情况，分别由学生自评、小组其他成员互评和任课教师评价，完成项目实践活动评价记录。

个人自评、小组互评、教师评价记录

个人自评：项目设置准确性	正确 ☐	较正确 ☐	还需改进 ☐
计算结果合理性	精确 ☐	较精确 ☐	还需改进 ☐
清单编制完整性	完整 ☐	较完整 ☐	还需改进 ☐
小组互评：整体训练效果	很好 ☐	较好 ☐	一般 ☐
教师评价：实训完成质量	堪称完美 ☐	继续保持 ☐	还需努力 ☐

注意事项

卫生器具列项时注意点如下。

（1）洗脸盆适用于洗脸、洗发、洗手；其他成品卫生器具适用于成品拖布池的安装。

（2）洗脸盆、洗涤盆组装形式主要考虑水嘴的类型，小便器、大便器组装形式主要考虑冲洗的方式。

（3）给排水附（配）件是指独立安装的水嘴、地漏、地面扫出口等。

（4）成品卫生器具项目中的附件安装，给水附件包括水嘴、阀门、喷头等，排水配件包括存水弯、排水栓、下水口等以及配备的连接管。

算量时注意点如下。

（1）给排水附（配）件中水嘴、地漏、扫除口项目的计量单位为"个"，排水栓项目的计量单位为"组"。

（2）单独安装排水栓项目已包括存水弯，不再另行列项。

任务五　给排水工程计价

任务目标

1. 根据安装工程清单造价组成各项费用取费标准，并结合安装工程相关资料，计算安装工程造价的各项费用,并编制安装工程造价汇总表。

2. 完成实践活动评价。

情景设计

1. 以上海地区安装工程清单造价各项费用的取费标准为依据,计算安装工程造价各项费用。

2. 以《建设工程工程量清单计价规范》(GB 50856—2013)为参考,编制安装工程清单造价汇总表。

课堂实训任务

根据给排水工程相关的计算资料,结合《建设工程工程量清单计价规范》(GB 50856—2013),编制各项费用工程量清单计价表和安装工程造价汇总表,表中计算结果保留两位小数。

【实操训练内容和相关材料】

1. 经计算给排水分部分项工程费为 24 450.27 元,其中人工费为 3 598.97 元。

2. 安全文明施工措施费费率为 3.8%。

3. 其他措施费费率为 1.4%。

4. 脚手架按人工费的 5% 计算。

5. 暂列金额按分部分项工程费的 10% 计算。

6. 社会保险费按照人工费的 32.6% 计算。

7. 住房公积金按照人工费的 1.59% 计算。

【实践训练要求】

训练1:编制措施项目清单与计价表(一),完成表 4-16。

训练2:编制措施项目清单与计价表(二),完成表 4-17。

训练3:编制其他项目清单与计价汇总表(表 4-18)。

训练4:规费、税金项目清单与计价表(表 4-19)。

训练5:给排水工程造价汇总表(表 4-20)。

表 4-16 措施项目清单与计价表(一)

序号	项目名称	计算基础	费率/%	金额/元
1	安全防护、文明施工措施费			
2	其他措施费			
合　计				

表 4-17　措施项目清单与计价表(二)

序号	项目名称	计算基础	费率/%	金额/元
1	单价措施项目			
1.1	脚手架			
合　计				

表 4-18　其他项目清单与计价汇总

序号	项目名称	计算基础	费率/%	金额/元
1	暂列金额			
2	暂估价			
2.1	材料暂估价			
2.2	专业工程暂估价			
3	计日工			
4	总承包服务费			
合　计				

表 4-19　规费、税金项目清单与计价表

序号	项目名称	计算基础	费率/%	金额/元
1	规费			
1.1	社会保险费			
1.2	住房公积金			
2	增值税			
合　计				

表 4-20　给排水工程造价汇总

序号	项目内容	金额/元
1	分部分项工程费	
2	措施项目费	
2.1	总价措施项目	
2.2	单价措施项目	
3	其他项目	
4	规费、增值税	
	工程造价	

知识链接

1. 分部分项工程费按《通用安装工程工程量计算规范》(GB 50856—2013)各附录项目以综合单价计价。分部分项工程费 $= \sum$(清单项目工程量 × 综合单价)。

2. 措施项目费。

(1) 专业措施项目可参照定额相关规定计算。

例如:脚手架费应以电气设备安装工程按人工费乘 2% 计算,其中人工费占 25%,材料费占 75%;给排水工程按人工费乘以 5% 计算,其中人工费占 35%,材料费占 65%。

(2) 安全防护、文明措施费 = 分部分项工程费 × 费率(表 4-21)。

(3) 其他措施项目费 = 分部分项工程费 × 费率(表 4-22)。

表 4-21　安全防护、文明措施费费率一览

项目类别			费率/%	备注
工业建筑	厂房	单层	2.8~3.2	
		多层	3.2~3.6	
	仓库	单层	2.0~2.3	
		多层	3.0~3.4	
民用建筑	居住建筑	低层	3.0~3.4	
		多层	3.3~3.8	
		中高层及高层	3.0~3.4	
	公共建筑及综合性建筑		3.3~3.8	
	独立设备安装工程		1.0~1.15	

表 4-22　其他措施项目费费率表

工程专业		计算基数	费率/%
房屋建筑与装饰工程		分部分项工程费	1.50~2.37
通用安装工程			1.50~2.37
市政工程	土建		1.50~3.75
	安装		
城市轨道交通工程	土建		1.40~2.80
	安装		
园林绿化工程	种植		1.49~2.37
	养护		—
仿古建筑工程(含小品)			1.49~2.37
房屋修缮工程			1.50~2.37
民防工程			1.50~2.37
市政管网工程(给水、燃气管道工程)			1.50~3.75

3. 其他项目费。

（1）暂列金额由招标人根据工程特点、工期长短，一般可以按分部分项工程费的10％～15％为参考，进行估算确定。

（2）暂估价中的材料单价应按照工程造价管理机构发布的工程造价信息或参考市场价格确定；暂估价中的专业工程暂估价应根据不同专业，按有关计价规定估算。

（3）计日工是招标人根据工程特点，按照列出的计日工项目和有关计价依据计算，一般按综合单价计价。

（4）总承包服务费是招标人根据招标文件中列出的内容和向总承包人提出的要求参照下列标准计算。

① 当招标人仅要求对分包的专业工程进行总承包管理和协调时，按分包的专业工程估算造价的1.5％进行计算。

② 当招标人要求对分包的专业工程进行总承包管理和协调，并要求提供相配合的服务时，根据招标文件中列出的配合服务内容和提出的要求，按分包的专业工程估算造价的3％～5％进行计算。

③ 当招标人自行供应材料时，按招标人供应材料价值的1％进行计算。

4. 税金＝税前造价×增值税率（按9％计）。

其中，税前造价＝分部分项工程费＋措施项目费＋其他项目费＋规费。

✲ 技能训练

1. 工程造价汇总表中不能单独计费的是（　　　）。

    A. 分部分项工程费　　　　　　　　B. 企业管理费

    C. 其他项目费　　　　　　　　　　D. 规费及税金

2. 下列安全文明施工措施费计算基数是（　　　）。

    A. 人工费　　　　　　　　　　　　B. 人工费＋材料费＋机械费

    C. 人工费＋管理费＋利润　　　　　D. 分部分项工程费

3. 清单造价汇总表中，给排水工程高层施工增加费属于（　　　）。

    A. 分部分项工程费　　　　　　　　B. 安全防护、文明施工措施费

    C. 专业工程措施费　　　　　　　　D. 其他措施项目费

💬 自主实践

通过完成课堂实训任务，能根据安装工程清单造价组成各项费用的取费标准，并结合《建设工程工程量计价规范》（GB 50856—2013），编制清单造价汇总表，课后进一步加以拓展。

【实践活动评价】

根据个人的课堂任务和技能训练完成情况，分别由个人自评、同桌互评和教师评价，完

成项目课堂活动评价记录。

个人自评、小组互评、教师评价记录

个人自评：费用计算准确性	正确 ☐	较正确 ☐	还需改进 ☐
造价汇总合理性	精确 ☐	较精确 ☐	还需改进 ☐
同桌互评：整体训练效果	很好 ☐	较好 ☐	一般 ☐
教师评价：实训完成质量	堪称完美 ☐	继续保持 ☐	还需努力 ☐

模块三　给排水工程综合计量与计价练习

▶ 练习目标

1. 根据给排水工程施工图，结合工程设计说明，完成工程计算书的编制。

2. 根据《通用安装工程工程量计算规范》（GB 50856—2013），完成分部分项工程工程量清单的编制。

3. 根据工料机市场价格信息，结合《上海市安装工程预算定额》（SH 02—31—2016），完成相应项目的综合单价分析表的编制。

4. 完成实践活动评价。

▶ 模块活动设计

根据所学的"模块二"给排水工程相关知识，依据某卫生间施工图纸（图 4-42—图 4-45）和给排水相关图例（表 4-23），结合《通用安装工程工程量计算规范》（GB 50856—2013）和《上海市安装工程预算定额》（SH 02—31—2016），完成给排水工程分部分项工程量清单和给排水工程相关项目综合单价编制。

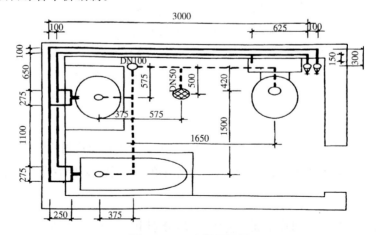

图 4-42　卫生间平面图

表 4-23 给排水图例一览

序号	材料名称及规格	单位	序号	材料名称及规格	单位
1	聚丁烯 PB 管(冷热) DN20	m	7	普通浴盆(冷热水带莲蓬头)	组
2	聚丁烯 PB 管(冷热) DN15	m	8	普通冷热水洗脸盆	组
3	硬聚氯乙烯 U-PVC 管 DN100	m	9	低水箱坐式大便器	组
4	硬聚氯乙烯 U-PVC 管 DN75	m	10	螺纹截止阀 J11T-16 DN20	个
5	硬聚氯乙烯 U-PVC 管 DN50	m	11	塑料地漏(I 型) DN50	个
6	硬聚氯乙烯 U-PVC 管 DN32	m	12	角式截止阀 DN15	个

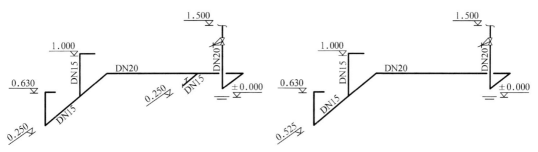

图 4-43 卫生间生活冷水管系统图   图 4-44 卫生间生活热水管系统图

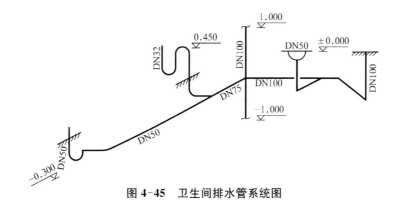

图 4-45 卫生间排水管系统图

【咨询阶段】

(1) 收集"模块二"学习资料(笔记、练习题、作业等)。

(2) 读懂工程图示的内容,分析给排水工程系统原理,完成操作训练活动的要求。

【实践活动实施】

(1) 以给排水工程施工图为依据,分析给排水工程项目组成和计量规则。

(2) 以《通用安装工程工程量计算规范》(GB 50856—2013)为基础,分析给排水工程项目特征描述。

(3) 以《上海市安装工程预算定额》(SH 02—31—2016)为参照,分析给排水工程项目计价方法。

【任务一】

根据住宅卫生间给排水平面图、系统图、相关图例和"设计说明",结合《通用安装工程工程量计算规范》(GB 50856—2013),计算给排水工程项目的工程量,并编制分部分项工程工程量清单。

设计说明:

图中尺寸以"mm"计,标高以"m"计。生活冷水和生活热水均采用聚丙烯 PP-R 管及配件(热熔连接),墙内暗敷。排水管道采用硬聚氯乙烯(UPVC)粘接。管道安装完毕应进行水压试验和灌水试验。

【实践训练要求】

训练 1:列出给排水工程项目名称,并计算工程量,填入工程计算书(表 4-24)。

训练 2:编制分部分项工程工程量清单(表 4-25)。

表 4-24　工程计算书

序号	项目名称	计算式	工程量
1			
2			
3			
4			
5			
6			
7			
8			
9			
10			
11			

表 4-25　分部分项工程工程量清单

序号	项目编码	项目名称	项目特征	单位	工程量
1					
2					
3					
4					
5					
6					
7					
8					
9					
10					
11					

【任务二】

根据相关费用表计算钢塑复合管 DN40 的综合单价（表 4-26），填写综合单价分析表。其中,管理费和利润分别按人工费的 35% 计算。

注：给水管道在交付使用前须做消毒冲洗。

表 4-26　钢塑复合管 DN40 的综合单价一览

定额编码	项目名称	单位	工程量	安装费/元			主材费/元	
				人工费	材料费	机械费	单价	损耗率
03-10-1-414	钢塑复合管螺纹 DN40	10 m	0.908	202.76	75.48	4.8	50.14	1.002
03-10-2-140	管道消毒冲洗 DN40	100 m	0.091	36.26	23.16			

【实践训练要求】

训练 3：编制钢塑复合管 DN40 项目综合单价分析表(表 4-27)。

表 4-27　综合单价分析表

项目编码		项目名称	复合管		计量单位		m	
清单综合单价组成明细								
定额编码	定额名称	定额单位	数量	单价				合价			
				人工费	材料费	机械费	管理费和利润	人工费	材料费	机械费	管理费和利润
人工单价			小计								
元/工日			未计价材料费								
清单项目综合单价											

【实践活动评价】

根据各小组的实践活动完成情况,分别由学生自评、小组其他成员互评和任课教师评价,完成项目实践活动评价记录。

个人自评、小组互评、教师评价记录

个人自评：项目设置正确性	正确 ☐	较正确 ☐	还需改进 ☐
计算结果准确性	精确 ☐	较精确 ☐	还需改进 ☐
清单编制完整性	完整 ☐	较完整 ☐	还需改进 ☐
综合单价合理性	合理 ☐	较合理 ☐	还需改进 ☐
小组互评：整体训练效果	很好 ☐	较好 ☐	一般 ☐
教师评价：练习完成质量	堪称完美 ☐	继续保持 ☐	还需努力 ☐

项目五

消防工程计量与计价

学习目标

1. 认知消防工程基本原理，熟练识读消防工程图纸。

2. 根据消防工程图纸，列出消防工程项目名称，并计算工程量。

3. 运用《上海市安装工程预算定额》(SH 02—31—2016)，编制消防工程项目综合单价。

4. 结合《通用安装工程工程量计算规范》(GB 50856—2013)，编制消防工程工程量清单计价表。

学习内容

1. 消防工程基本原理。

2. 水喷淋灭火系统工程项目计量与计价。

3. 消火栓灭火系统工程项目计量与计价。

学习成果

1. 完成消防工程项目计算书编制。

2. 完成分部分项工程量清单计价表编制。

模块一 认知消防工程基本原理

▶ 知识目标

1. 认知《通用安装工程工程量计算规范》(GB 50856—2013)中消防工程的适用范围。

2. 认知消防工程项目组成内容。

3. 认知消防工程主要设备和材料表内容。

◆◆ 课堂实训任务

【实训活动实施】

根据主要设备及材料表(表 5-1),将设备及材料的序号标注在消防工程平面图(图 5-1)中。

表 5-1 主要设备及材料表

序号	图例	名称	型号规格	单位	数量	备注
1	ⓛ	水流指示器	DN100	个	4	
2		安全信号阀	DN100	个	4	
3		闭式喷头	DN15	个	157	
4		末端试水装置	DN25	套	1	
5		末端泄水装置	DN25	套	3	
6		自动空气排气阀	DN25	个	1	
7	⋈	闸阀	DN70	个	2	
8	⋈	闸阀	DN80	个	2	
9	⋈	闸阀	DN100	个	9	
10	⋈	闸阀	DN150	个	6	
11		止回阀	DN80	个	2	
12		止回阀	DN150	个	2	
13		偏心异径管	DN150×100	个	2	
14	∅	压力表	DN25	个	1	
15		可曲挠橡胶接头	DN150	个	4	
16	↑	消防水泵接合器	DN100	套	3	地上式
17		室外地上消火栓	DN100	套	2	地上式
18		室内消火栓	DN65	套	12	
19		蝶阀	DN100/DN150	个	2/1	
20		热镀锌钢管	DN25~DN150	m	—	
21	▲	磷酸铵盐干粉灭火器	MFZL4	具	36	
22		螺翼式水表	LXL-100N	套	2	
23		Y 形过滤器	DN100	套	2	

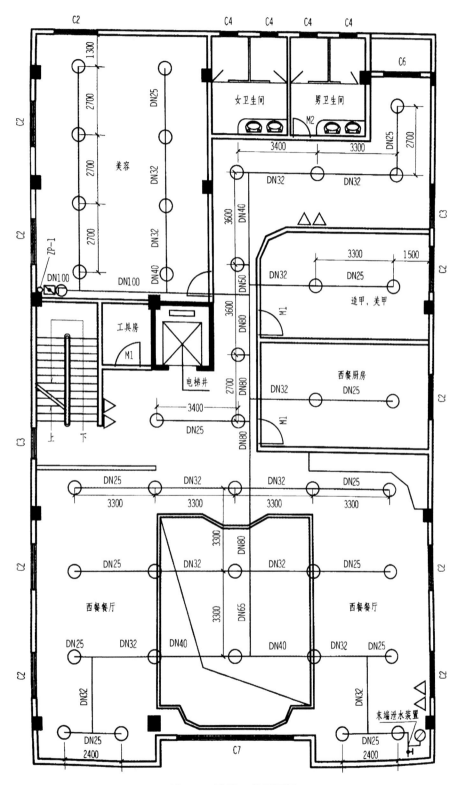

图 5-1 消防工程平面图

◈ **任务实施**

消防水灭火系统包括消火栓灭火系统、自动喷水灭火系统、气体灭火系统、泡沫灭火系统和火灾自动报警系统等。

（1）消火栓灭火系统包括室外消火栓灭火系统（图 5-2）和室内消火栓灭火系统。

（2）自动喷水灭火系统包括闭式系统（图 5-3）和开式系统。其中，闭式系统主要有湿式系统、干式系统、预作用系统；开式系统主要有雨淋系统、水幕系统（图 5-4）和水喷雾系统。

图 5-2　室外消火栓灭火系统

图 5-3　闭式自动喷水灭火系统

图 5-4　水幕系统

📖 **知识链接**

1. 自动喷水灭火系统的组件介绍如下，具体可见图 5-5。

（1）湿式报警阀（图 5-6）：平时阀瓣处于关闭状态，当发生火灾时，闭式喷头喷水，阀瓣开启，向立管（垂直管道）及管网供水，同时水沿着报警阀的环形槽进入延时器、压力开关及水力警铃等设施，发出火警信号并启动消防泵。

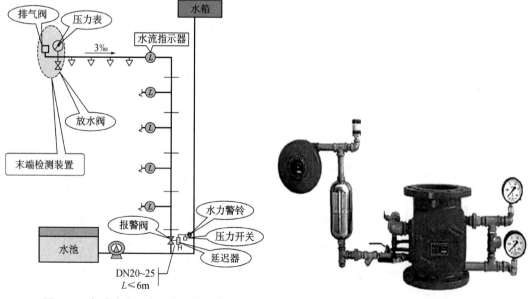

图 5-5　自动喷水灭火系统组件示意　　　　图 5-6　湿式报警阀

（2）水喷淋钢管：是消防喷淋防火系统的重要组成部分之一，通常与主干管道及喷淋头联合使用的排水管。

（3）消防喷头：是一种在热作用下，按预定的温度范围自行启动；或根据火灾信号由控制设备启动，并按设计的洒水形状和流量洒水灭火的一种喷头。

（4）水流指示器（图 5-8）：是视镜类仪表阀门，通过视窗能随时观察介质的浑浊度且计量介质流动速度反映情况。其安装在主供水管或横杆水管上，会给某一区域发送水流动的电信号，此电信号可送到电控箱，不必启动消防水泵的控制开关。

图 5-7　消防喷头

图 5-8　水流指示器

问题互动：

请判断下列水流指示器的连接方式（丝扣、焊接、马鞍型、法兰）。

_____　　_____　　_____　　_____

（5）消防信号蝶阀（图 5-9）：用于消防报警，与消防报警系统相互连接，阀门日常处于开启状态，安装在水流指示器前端，喷淋系统在维修时关闭，打开末端防水会传输信号给消防报警系统。

（6）末端试水装置（图 5-10）：检测整个系统运行状况，测试系统在最不利条件下可通过报警并正常启动的装置。末端试水装置主要测试水流指示器、报警阀、压力开关、水力警铃等是否正常运行，配水管道是否通畅，以及最不利点处的喷头工作压力等。

蜗轮式　　手柄式
图 5-9　消防信号蝶阀

图 5-10　末端试水装置

（7）排气阀（图 5-11）：安装于水灭火系统支管的顶端，在系统充水排气时，以防气堵、气塞等问题的产生，在充满水后，排气阀自动关闭出气口；在系统维护放水时，其自动关闭出气口，自动排气吸气阀组自动开启吸气，以防止管网因负压变形损坏。

2. 消火栓灭火系统的组件介绍如下所述，消火栓灭火系统组件示意如图 5-12 所示。

（1）消火栓：一种固定式消防设施，用于控制可燃物、隔绝助燃物、消除着火源，其分室内消火栓（图 5-13）和室外消火栓。

图 5-11　排气阀

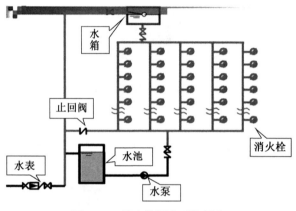

图 5-12　消火栓灭火系统示意

图 5-13　室内消火栓

（2）消火栓钢管：连接消防设备和器材，输送消防灭火用水、气体或者其他介质的管道。

（3）消防水泵接合器：与建筑物内的自动喷水灭火系统或消火栓等消防设备的供水系统相连接。消防水泵接合器和消火栓的位置标记应明显，栓口的位置应方便操作。室外墙壁式消防水泵接合器（图 5-14）的安装高度距地面宜为 0.7 m。

（4）止回阀（图 5-15）：启闭件为圆形阀瓣，并依靠自身重量及介质压力产生动作来阻断介质倒流的一种阀门，可起到安全隔离的作用，其缺点是阻力大，关闭时密封性差。

（5）灭火器（图 5-16）：包含手提式灭火器和推车式灭火器。手提式灭火器是一种便携式消防设备，通过内部压力将灭火剂喷洒出来用以灭火。推车式灭火器是一种装有轮子的灭火设备，可以被轻松地推拉至火场扑灭火灾。

图 5-14

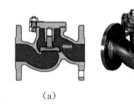

（a）　　　　（b）

图 5-15

图 5-16

问题互动：

请根据下列图片写出相关的构件内容。

---------------   ---------------

💬 自主实践

通过完成课堂实训任务，根据主要设备及材料表，将设备及材料的序号标注在消防工程平面图上。熟悉各消防工程图例表示方法，进一步加深对消防工程图的理解，认知消防工程的工作原理，准确在消防工程图中找出消防设备的内容，课后可再加以拓展。

任务评价

根据各小组的实践活动完成情况，分别由学生自评、小组其他成员互评和任课教师评价，完成项目实践活动评价记录。

个人自评、小组互评、教师评价记录

个人自评：标注设备准确性	正确 ☐		较正确 ☐		还需改进 ☐
图纸标注完整性	完整 ☐		较完整 ☐		还需改进 ☐
小组互评：整体训练效果	很好 ☐		较好 ☐		一般 ☐
教师评价：实训完成质量	堪称完美 ☐		继续保持 ☐		还需努力 ☐

模块二　编制水喷淋灭火系统工程项目计算书和计价表

任务一　水喷淋灭火系统工程列项

▶▶ 任务目标

1. 根据水喷淋灭火系统平面图和系统图，列出水喷淋灭火系统工程项目名称。

2. 结合《通用安装工程工程量计算规范》(GB 50856—2013)，编制水喷淋灭火系统项目的工程量清单四要素。

情景设计

1. 以水喷淋灭火系统工程施工图为依据,分析水喷淋灭火系统工程项目的设置。

2. 以《通用安装工程工程量计算规范》(GB 50856—2013)为基础,描述水喷淋灭火系统工程项目的特征。

课堂实训任务

根据某学院学生活动中心首层消防工程图纸[水喷淋灭火系统平面图(图 5-17)和系统图(图 5-18)]、相关图例和型号规格表(表 5-2),并结合"设计说明"与《通用安装工程工程量计算规范》(GB 50856—2013),完成水喷淋灭火系统工程列项和分部分项工程工程量清单四要素(除工程量外)编制。

设计说明:

(1) 本示例工程为自动喷水灭火系统(以下简称自喷),建筑层高为 4.5 m,ZPL-B1 用水引自相邻建筑物自喷系统。

(2) 自喷管道采用热镀锌钢管,管径小于 100 mm,螺纹连接;管径大于或等于 100 mm 采用沟槽连接。

(3) 自喷管道在交付使用前须做冲洗和调试。

(4) 自喷水平管沿梁底布设,标高为 3.65 m,管径见图 5-17;水平管和喷头之间的短立管底标高至吊顶底的距离为 3.4 m,水平管规格 DN25。

(5) 管径变径点在三通和四通分支处。

(6) 喷淋系统上采用湿式报警阀 DN150。

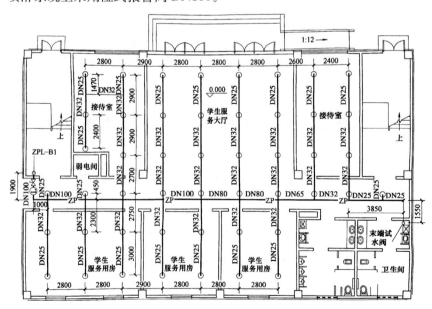

图 5-17　水喷淋灭火系统平面图

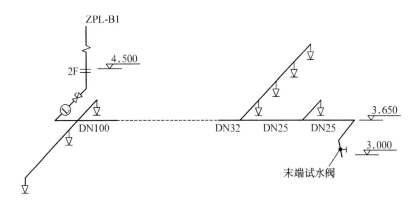

图 5-18　水喷淋灭火系统图

表 5-2　灭火系统相关图例一览

序号	图例	名称	型号规格
1	— ZP —○— ZPL—　平面　｜XHL—　系统	自喷水平管及立管	热镀锌钢管
2	○　平面　▽　系统	喷淋头	玻璃球直立闭式下垂喷淋头 ZSTX 15/68
3	⋈	信号蝶阀	ZSFD-100-16Z
4	—Ⓛ—	水流指示器	ZSJZ100・F
5	—⊶—	截止阀(末端试水阀)	J11W-16T

训练：列出水喷淋灭火系统工程项目名称,编制分部分项工程工程量清单四要素,并完成表 5-3 的填写。

表 5-3　分部分项工程工程量清单

序号	项目编码	项目名称	项目特征	单位

（续表）

序号	项目编码	项目名称	项目特征	单位

任务实施

1. 水喷淋灭火系统包括下列内容。

由开式或闭式喷头、传动装置、喷水管网、湿式报警阀等组成。当发生火灾时，系统管道上的水喷头遇高温自爆（一般是 68～70℃），其通过安装在支管管路上的水流指示器动作反馈给火灾报警控制系统控制器，以此来控制启动喷淋泵，同时设有手动启动装置。

2. 水喷淋灭火系统由报警装置、水流指示器、水喷淋钢管、水喷淋喷头、末端试水装置和水灭火控制调试装置等组成。

3. 水喷淋灭火工程系统图可参照上文自动喷水灭火系统组件示意（图 5-5）。

知识链接

1. 报警装置适用于湿式报警装置、干湿两用报警装置等报警装置安装。

（1）湿式报警装置包括：湿式报警阀、蝶阀、装配管、供水压力表、试验阀、泄放试验阀、试验管流量计、过滤器、延时器、水力警铃、报警截止阀、漏斗、压力开关等。

（2）干湿两用报警装置（图 5-19）包括：两用阀、蝶阀、装配管、加速器、加速器压力表、供水压力表、试验阀、泄放试验阀（湿式、干式）、绕性接头、泄放试验管、试验管流量计、排气阀、截止阀、漏斗、过滤器、延时器、水力警铃、压力开关等。

（3）湿式报警装置或干湿两用报警装置的项目特征描述：型号为 ZSFZ；规格为 DN100。

2. 水流指示器（030901006）项目特征描述。规格、型号：法兰式；DN100；沟槽法兰连接。

3. 水喷淋钢管（030901001）注意事项可参看上文闭式喷水灭火系统（图 5-3）。

图 5-19　干湿两用报警装置

图 5-20　水流指示器

具体项目特征描述如下。

（1）安装部位：室内或室外。

（2）材质与规格：镀锌钢管或无缝钢管，DN32。

（3）连接形式：螺纹、法兰或沟槽。

（4）钢管镀锌设计要求：热浸锌（锌层厚度符合设计要求）。

（5）压力试验及冲洗设计要求：按照施工及验收规范要求。

（6）管道标识设计要求：符合规范要求。

注：不同管径分列不同项目

4. 水喷淋喷头（030901003）可见上文消防喷头（图5-7），项目特征描述具体如下。

（1）安装部位：有吊顶或无吊顶。

（2）材质、型号与规格：直立型易熔元件喷头，DN15。

（3）连接形式：螺纹。

（4）装饰盘设计要求：符合设计要求（图5-21）。

5. 末端试水装置（030901008）包括球阀、压力表等，其项目特征描述如下。

图 5-21　喷淋头装饰盘

（1）规格：DN25～DN32。

（2）组装形式：符合国家标准。

6. 水火火控制调试装置（030905002）的项目特征描述：系统形式为水喷淋灭火系统。

7. 安全信号蝶阀：按连接方式套用 031003 管道附件中的阀门项目，需要注意的是法兰阀门安装包括法兰连接，不得另计。

8. 其他：排气阀（按 031003 管道附件中阀门项目）、套管（031002003）、管道支架（031002001）。

项目特征描述参照"项目四"给排水工程相应项目。

问题互动：

（1）根据下列消防图例符号写出项目名称。

$\underline{\nabla}$	$\boxed{/}$	**SLZSQ**

（2）根据图5-22，列出消防管道的项目数量为_____个，项目名称均为_____，项目编码从_____至_____。

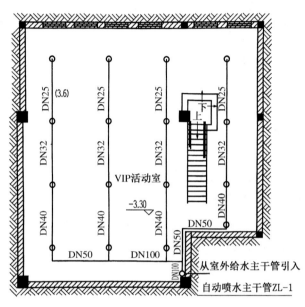

图5-22 消防工程平面图

🜨 **技能训练**

根据图5-22和图5-23，以及"施工说明"，完成表5-4，列出水喷淋灭火系统项目编码和项目名称。

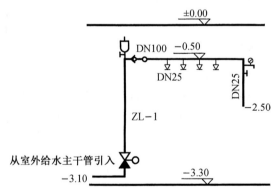

图5-23 消防工程自动喷淋给水系统图

施工说明：消防管道采用镀锌钢管螺纹连接，管道支架制作、安装，自动排气阀规格DN20，安全信号蝶阀平焊法兰连接。

表 5-4 水喷淋灭火系统项目编码及名称一览

序号	项目编码	项目名称	序号	项目编码	项目名称
1			8		
2			9		
3			10		
4			11		
5			12		
6			13		
7			14		

自主实践

通过完成课堂实训任务,可以明确水喷淋灭火系统工程项目的设置,进一步熟悉水喷淋灭火系统工程项目的列项方法,认知水喷淋灭火系统工程项目工程量清单的编制原理,课后可再加以拓展。

任务评价

根据各小组的实践活动完成情况,分别由学生自评、小组其他成员互评和任课教师评价,完成项目实践活动评价记录。

个人自评、小组互评、教师评价记录

个人自评:项目设置准确性	正确 □		较正确 □		还需改进 □
项目特征完整性	完整 □		较完整 □		还需改进 □
小组互评:整体训练效果	很好 □		较好 □		一般 □
教师评价:实训完成质量	堪称完美 □		继续保持 □		还需努力 □

注意事项

防止列项出现重复和遗漏现象。

任务二　水喷淋灭火系统项目计量

▶▶ 任务目标

1. 依据水喷淋灭火系统平面图和系统图,结合水喷淋灭火系统工程项目工程量计算规则,计算水喷淋灭火系统工程项目的工程量。

2. 结合《通用安装工程工程量计算规范》(GB 50856—2013),编制水喷淋灭火系统工程项目的工程量清单。

▶▶ 情景设计

1. 以《通用安装工程工程量计算规范》(GB 50856—2013)工程量计算规则为参考,运用水喷淋灭火系统工程项目算量方法。

2. 以《通用安装工程工程量计算规范》(GB 50856—2013)为基础,完成水喷淋灭火系统工程项目的工程量清单。

▶▶ 课堂实训任务

四个人一组,参考某学院学生活动中心首层消防工程图纸(图 5-17)和系统图(图 5-18),相关图例和型号规格表(表 5-2)、并结合"设计说明"和《通用安装工程工程量计算规范》(GB 50856—2013),完成水喷淋系统工程项目工程量计算和分部分项工程工程量清单编制。

训练 1:根据所列项目名称,并计算工程量,填入工程计算书(表 5-5)。

表 5-5　工程量计算书

序号	项目名称	计算式	工程量

序号	项目名称	计算式	工程量

训练 2：编制分部分项工程工程量清单(表 5-6)。

表 5-6　分部分项工程工程量清单

序号	项目编码	项目名称	项目特征	单位	工程量

（续表）

序号	项目编码	项目名称	项目特征	单位	工程量

◇ 任务实施

1. 水喷淋灭火系统工程项目算量规则如下。

（1）水喷淋钢管：按设计图示管道中心线以长度计算，单位为"m"。

（2）水喷淋（雾）喷头：按设计图示数量计算，单位为"个"。

（3）报警装置：按设计图示数量计算，单位为"组"。

（4）水流指示器：按设计图示数量计算，单位为"个"。

（5）末端试水装置：按设计图示数量计算，单位为"组"。

（6）水灭火控制装置调试：按控制装置的点数计算，单位为"点"。

知识链接

1. 水喷淋钢管：按设计管道中心长度，不扣除阀门、管件、组件（报警装置）所占的长度。

水平距离：根据平面图按比例量截。

垂直距离：根据标高差计算。

注：（1）水力警铃进水管计入管道工程量（图5-24）。

（2）末端装置中的连接管、排水管计入管道工程量（见图5-25）。

（3）管道界限划分包括两种情况。自动喷淋灭火系统管道要求室内外界限应以建筑物外墙皮 1.5 m 为界，入口处设阀门者应以阀门为界；设在高层建筑物内的消防泵间管道应以泵间外墙皮为界。

（4）管道口径的变径一般在三通处。

（5）上下喷头及安装高度。

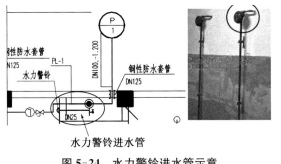

图 5-24　水力警铃进水管示意

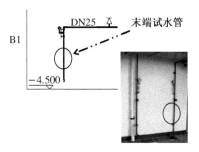

图 5-25　末端试水管示意

问题互动：

根据图 5-26 和图 5-27，求出螺纹水喷淋钢管 DN25（镀锌）项目的工程量为_____。

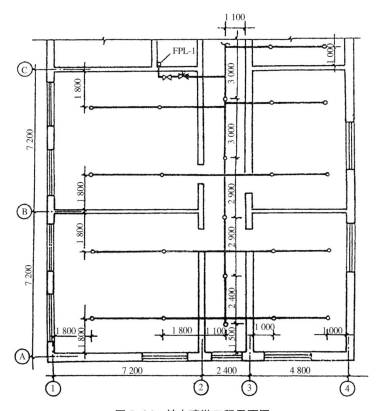

图 5-26　某水喷淋工程平面图

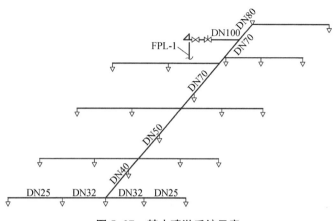

图 5-27　某水喷淋系统示意

2. 水喷淋喷头：按有无吊顶、规格不同分别列项计量，可参照上海地区预算定额设置项目并计量。

问题互动：

根据图 5-28，确定水喷淋喷头工程量为_____个。

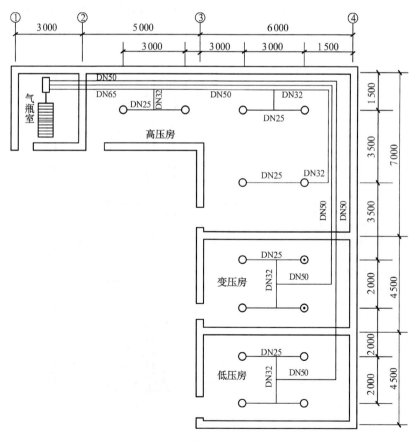

图 5-28　水喷淋工程示意

3. 报警装置可见图 5-19,按"组"为单位计量。

4. 水流指示器可见图 5-20,按"个"为单位计量。

5. 末端试水装置(030901008)可见图 5-10,包括球阀、压力表安装,按"组"为单位计量。

6. 水灭火控制装置调试按水流指示器数量,以"点"为单位计量。

7. 排气阀、套管、管道支架分别按给排水工程中相应项目的算量规则计量。

⚓ 技能训练

根据某水喷淋工程平面图(图 5-26)和系统图(图 5-27),计算螺纹水喷淋钢管(镀锌)项目的工程量,填入工程量计算书(表 5-7)。

表 5-7　工程量计算书

序号	项目名称	计算式	工程量

💬 自主实践

通过完成课堂实训任务,可温习水喷淋灭火系统项目的设置,进一步熟悉水喷淋灭火系统项目的算量规则,认知水喷淋灭火系统项目工程量清单的编制原理,课后可再加以拓展。

任务评价

根据各小组的实践活动完成情况,分别由学生自评、小组其他成员互评和任课教师评价,完成项目实践活动评价记录。

个人自评、小组互评、教师评价记录

个人自评:计算结果合理性	精确 ☐	较精确 ☐	还需改进 ☐
清单编制完整性	完整 ☐	较完整 ☐	还需改进 ☐
小组互评:整体训练效果	很好 ☐	较好 ☐	一般 ☐
教师评价:实训完成质量	堪称完美 ☐	继续保持 ☐	还需努力 ☐

模块三　编制消火栓灭火系统工程项目计算书和计价表

任务一　消火栓灭火系统工程列项

▶▶ 任务目标

1. 根据消防工程图纸,列出消火栓灭火系统工程项目名称。

2. 结合《通用安装工程工程量计算规范》(GB 50856—2013),编制消火栓灭火系统项目的工程量清单四要素。

▶▶ 情景设计

1. 以消防工程施工图为依据,分析消火栓灭火系统工程项目的设置。

2. 以《通用安装工程工程量计算规范》(GB 50856—2013)为基础,描述消火栓灭火系统工程的项目特征。

▶▶ 课堂实训任务

根据某消火栓系统图(图 5-29)结合"设计说明",以及《通用安装工程工程量计算规范》(GB 50856—2013),完成消火栓灭火系统工程列项和分部分项工程工程量清单四要素(除工程量外)的编制。

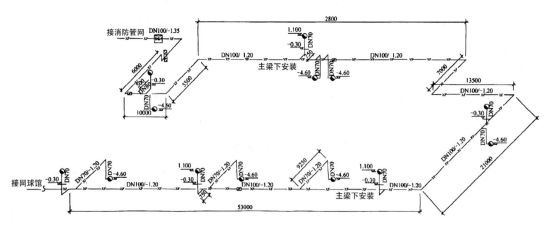

图 5-29　消防栓系统图

设计说明：

（1）消火栓灭火系统采用热镀锌钢管，螺纹连接，DN100阀门为法兰连接。

（2）消火栓灭火系统采用SN65普通型消火栓（明装），19 mm水枪一支，25 m长衬里麻织水带一条。

（3）消防水管穿地下室外墙设刚性防水套管。

（4）管道支架由∟50×5和∟40×4分别制作而成。

（5）消火栓灭火系统进行静水压力试验。系统工作压力：消火栓系统为0.40 MPa。试验压力：消火栓系统为0.675 MPa。

训练：列出消火栓灭火系统工程项目名称，编制分部分项工程工程量清单四要素（表5-8）。

表5-8　分部分项工程工程量清单

序号	项目编码	项目名称	项目特征	单位

◇任务实施

1. 消火栓灭火系统是最常用的灭火系统，由蓄水池、加压送水装置（水泵）及室内消火栓等主要设备组成，这些设备的电气控制包括水池的水位控制、消防用水和加压水泵的启动。

2. 消火栓灭火系统由消火栓钢管、消火栓、灭火器、阀门、支架、套管和水灭火控制装置调试等组成。

3. 消火栓灭火工程系统图可见图 5-30。

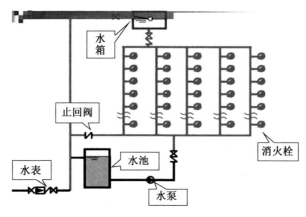

图 5-30　消火栓灭火工程系统示意

知识链接

1. 消火栓灭火系统分为室外系统和室内系统。

2. 室外系统包括室外给水管网、消防水泵接合器(030901012)(图 5-31)和室外消火栓(030901011)(图 5-32)等。

3. 室内系统包括室外消防给水管网、室内消火栓(030901010)(图 5-33)、储水设备、升压设备、管路附件等。

图 5-31　消防水泵接合器

图 5-32　室外消火栓连接

图 5-33　室内消火栓

4. 消火栓钢管(030901002)项目特征描述。

(1) 安装部位:室内或室外。

(2) 材质、规格:镀锌钢管或无缝钢管,DN100。

(3) 连接形式:螺纹或法兰或沟槽。

(4) 钢管镀锌设计要求:锌层厚度符合设计要求。

(5) 压力试验及冲洗设计要求:按照施工及验收规范要求。

(6) 管道标识设计要求:符合规范要求。

注：①不同管径分为不同项目；②管道支吊架套用 031002001 项目；

③连接方式包括镀锌钢管≤DN100(螺纹)和无缝钢管≤DN159(焊接)。

5. 消火栓分为室内消火栓和室外消火栓。

(1)室内消火栓包括消火栓箱(图 5-34)、消火栓、水枪、水龙带、水龙带接口、自救卷盘、挂架、消防按钮；其中落地消火栓箱包括箱内手提灭火器。

项目特征描述。

① 安装方式：明装或暗装。

② 型号、规格：单栓、双栓、65 mm(图 5-26)。

③ 附件材质、规格应符合国家标准。

(2)室外消火栓：分地上式和地下式。地上式消火栓包括地上式消火栓、法兰接管、弯管底座；地下式消火栓包括地下式消火栓、法兰接管、弯管底座或消火栓三通。

图 5-34 室内消火栓箱

项目特征描述。

① 安装方式：地上或地下。

② 型号、规格：浅型、深型,1.6 MPa(图 5-35)。

③ 附件材质、规格：符合国家标准。

注：SS 表示室外地上式消火栓,SA 表示室外地下式消火栓；室外消火栓浅型是指消火栓安装在支管上,且管道覆土深度小于或等于 1 000 mm,大于 1 000 mm 则为深型。

6. 灭火器(030901013)(图 5-36)。

项目特征描述。

① 形式：手提式或推车式。

② 规格、型号：2.1 kg MFZ/ABC。

图 5-35 室外消火栓

图 5-36 灭火器

注：型号中的 ABC 表示干粉灭火器；M 表示灭火器的灭汉语拼音的第一个字母；F 表示干粉；Z 表示贮压式；S 表示水；P 表示泡沫；T 表示 CO_2 或推车式。

注：落地消火栓箱包括箱内手提灭火器，不另行列项计算。

7. 止回阀按连接方式套用 031003 管道附件中的阀门项目。

8. 水泵套用 030109 泵安装相应项目。

9. 消防水泵接合器(图 5-37)。

项目特征描述。

① 安装部位：地上式、地下式或墙壁式。

② 型号、规格：SQB100—1.6 或 SQS100—1.6。

③ 附件材质、规格：符合国家标准。

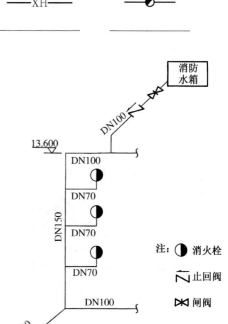

图 5-37　消防水泵接合器

10. 水灭火控制装置调试(030905002)的项目特征描述。系统形式：消火栓灭火系统。

11. 其他：套管(031002003)、管道支架(031002001)。

问题互动：

根据下列消防图例符号写出项目名称。

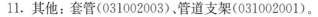

_____　_____　_____　_____

 技能训练

根据某办公楼消防给水系统图(图 5-38)和"设计说明"，列出消火栓灭火系统项目编码和项目名称，完成表 5-9。

设计说明：

(1) 消防管道采用热镀锌钢管，不锈钢消防水箱尺寸为 2 800 mm × 2 800 mm × 2 000 mm(长×高×厚)。

(2) 管径≥DN100 的消防管道采用卡箍连接，其余采用螺纹连接。

(3) 管网安装完毕后，进行强度试验和严密性试验。

图 5-38　某办公室消防给水示意

表 5-9　消火栓灭火系统项目编码与项目名称一览

序号	项目编码	项目名称	序号	项目编码	项目名称
1			6		
2			7		
3			8		
4			9		
5			10		

自主实践

通过完成课堂实训任务,明确消火栓灭火系统工程项目的设置,进一步熟悉消火栓灭火系统工程项目的列项方法,认知消火栓灭火系统工程项目工程量清单的编制原理,课后可再加以拓展。

任务评价

根据各小组的实践活动完成情况,分别由学生自评、小组其他成员互评和任课教师评价,完成项目实践活动评价记录。

个人自评、小组互评、教师评价记录

个人自评:项目设置准确性	正确 □	较正确 □	还需改进 □
项目特征完整性	完整 □	较完整 □	还需改进 □
小组互评:整体训练效果	很好 □	较好 □	一般 □
教师评价:实训完成质量	堪称完美 □	继续保持 □	还需努力 □

注意事项

防止列项出现重复和遗漏现象。

任务二 消火栓灭火系统项目计量

▶▶ 任务目标

1. 依据消防工程图纸，结合消火栓灭火系统工程项目工程量计算规则，计算消火栓灭火系统工程项目的工程量。

2. 结合《通用安装工程工程量计算规范》(GB 50856—2013)，编制消火栓灭火系统工程项目的工程量清单。

▶▶ 情景设计

1. 以《通用安装工程工程量计算规范》(GB 50856—2013)工程量计算规则为参考，运用消火栓灭火系统工程项目算量方法。

2. 以《通用安装工程工程量计算规范》(GB 50856—2013)为基础，完成消火栓灭火系统工程项目的工程量清单。

▶▶ 课堂实训任务

四个人一组，根据某四层办公楼消防供水系统示意(图 5-39)，结合"设计说明"和《通用安装工程工程量计算规范》(GB 50856—2013)，完成消火栓系统工程项目工程量计算和分部分项工程工程量清单编制。

设计说明：

(1) 消火栓管道采用镀锌钢管。

(2) 消火栓的栓口直径采用 65 mm，配备的水带长度为 20 m，水枪喷嘴口径为 16 mm。

(3) 阀门采用螺纹连接。

训练 1：根据所列项目名称，并计算工程量，填入工程计算书(表 5-10)。

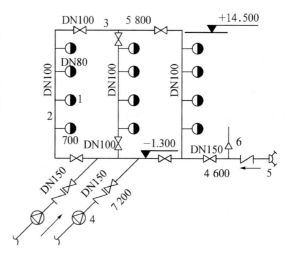

1—室内消火栓；2—消防立管；3—干管；
4—消防水泵；5—水泵接合器；6—安全阀

图 5-39 某四层办公楼消防供水系统示意

表 5-10 工程计算书

序号	项目名称	计算式	工程量

训练 2：编制分部分项工程工程量清单(表 5-11)。

表 5-11 分部分项工程工程量清单

序号	项目编码	项目名称	项目特征	单位	工程量

◆任务实施

1. 消火栓灭火系统工程项目算量规则如下。

（1）消火栓钢管：按设计图示管道中心线以长度计算，单位为"m"。

（2）室内消火栓、室外消火栓：按设计图示数量计算，单位为"套"。

（3）消防水泵接合器：按设计图示数量计算，单位为"套"。

（4）灭火器：按设计图示数量计算，单位为"具"或"组"。

（5）水灭火控制装置调试：按消火栓启泵按钮数量，以"点"计算。

知识链接

1. 消火栓钢管：按设计管道中心长度，不扣除阀门、管件及各种组件所占长度。管道的水平距离根据平面图用比例尺量测。

管道的垂直距离根据施工图标高差计算。

注：（1）管道 DN65 进箱连接消火栓的短管见图 5-40。

　　（2）管道界限划分。消火栓灭火系统管道的室内外界限应以建筑物外墙皮 1.5 m 为界，入口处设阀门者应以阀门为界；和市政给水管道的界限以与市政给水管道碰头点（井）为界。管道 DN65 算至标高 1.100 m 处。

　　（3）变径：一般在三通处。

　　（4）注意与消火栓连接。

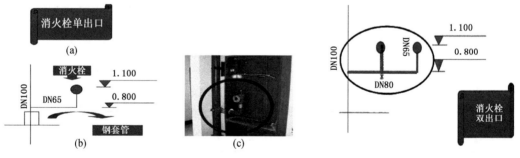

图 5-40　消火栓单栓管道示意　　　　　图 5-41　消火栓双栓管道示意

问题互动：

根据四层办公楼消防供水系统图（图 5-39），计算螺纹消火栓钢管 DN80（镀锌）项目的工程量为_____。

2. 室内消火栓：按安装方式、型号不同分别列项计量，可参照上海地区预算定额设置项目并计量，加单栓（明装）。

3. 室外消火栓：按安装方式、型号、规格不同分别列项计量，可参照上海地区预算定额设置项目并计量，如查询地下式消火栓（浅型 1.6 MPa），其压力等级 1.6 MPa＝16 kg/cm²。

问题互动：

根据型号 SS100/65-1.6,描述消火栓项目的特征。

① 安装方式：_____ ;② 型号、规格：_____ ;③ 附件材质、规格：_____ 。

4. 消防水泵接合器：按安装部位、型号、规格不同分别列项计量,如墙壁式消水泵接合器应遵循规格 DN100。

5. 灭火器：按形式、型号、规格不同分别列项计量。采用手提式(2.1 kg),手提式灭火器(2.1 kg)计量单位为"具";推车式计量单位为"组"。

6. 水灭火控制装置调试：按消火栓启泵按钮数量,以"点"为单位计量。

7. 套管、管道支架、阀门分别按给排水工程中相应项目的算量规则计量。

✵ 技能训练

根据某办公楼消防给水系统图(图 5-38)和"设计说明",计算消火栓灭火系统工程项目的工程量填入工程量计算书(表 5-12)。

表 5-12　工程量计算书

序号	项目名称	计算式	工程量

💬 自主实践

通过完成课堂实训任务,可以重温消火栓灭火系统项目的设置,进一步熟悉消火栓灭火系统项目的算量规则,认知消火栓灭火系统项目工程量清单的编制原理,课后可再加以拓展。

任务评价

根据各小组的实践活动完成情况,分别由学生自评、小组其他成员互评和任课教师评价,完成项目实践活动评价记录。

个人自评、小组互评、教师评价记录

个人自评:计算结果合理性	精确 □	较精确 □	还需改进 □
清单编制完整性	完整 □	较完整 □	还需改进 □
小组互评:整体训练效果	很好 □	较好 □	一般 □
教师评价:实训完成质量	堪称完美 □	继续保持 □	还需努力 □

模块四　消防工程综合计量与计价练习

⚪ 练习目标

1. 根据消防设备安装工程施工图,结合工程概况,完成工程计算书的编制。

2. 根据工程相关费用资料,结合《通用安装工程工程量计算规范》(GB 50856—2013),完成分部分项工程清单计价表的编制。

3. 根据相关费用表计算室外消火栓的综合单价,填写综合单价分析表。

4. 完成实践活动评价。

练习活动设计 ▌▌

根据某宾馆一层消防平面图(图 5-42)、二层消防平面图(5-43)、消火栓系统图(图 5-44)和自动喷淋系统图(图 5-45)所示,结合《通用安装工程工程量计算规范》(GB 50856—2013),计算消防工程项目的工程量并编制分部分项工程工程量清单。

【咨询阶段】

1. 收集"项目三"学习资料(笔记、练习题、作业等)。

2. 了解项目的工程概况、实操训练内容和相关资料。

3. 明确实操训练要求。

【练习活动实施】

1. 以消防工程施工图为依据,分析消防工程项目组成和计量规则。

2. 以《通用安装工程工程量计算规范》(GB 50856—2013)为基础,分析消防工程项目特征描述。

3. 以《上海市安装工程预算定额》(SH 02—31—2016)为参照,分析消防工程项目计价原理。

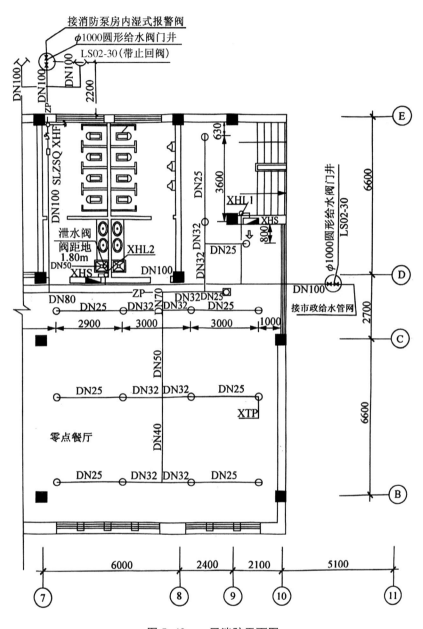

图 5-42 一层消防平面图

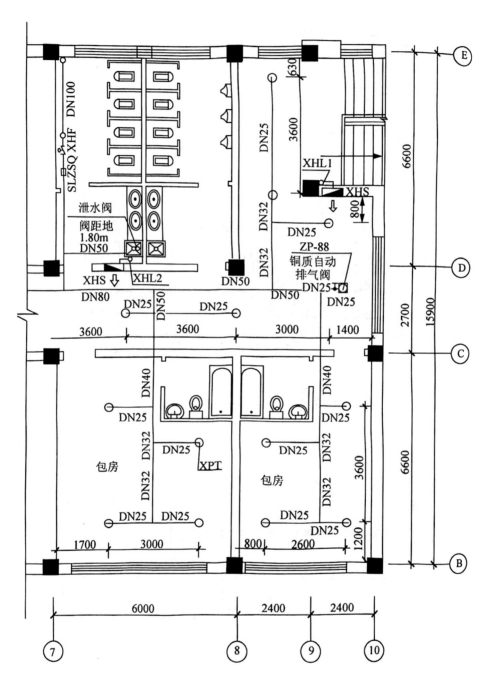

图 5-43 二层消防平面图

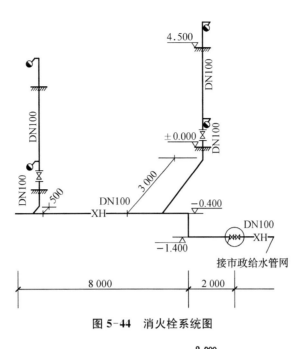

图 5-44 消火栓系统图

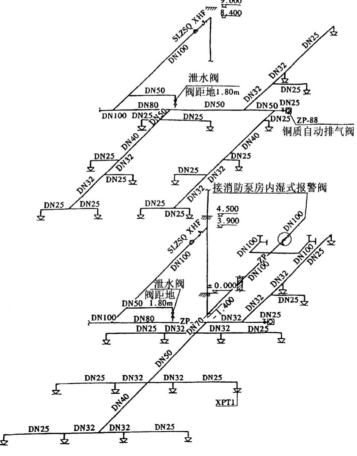

图 5-45 自动喷淋系统图

【项目工程概况】

1. 该工程图中标高均以"m"计,其他尺寸标注均以"mm"计。外墙厚为 370 mm,内墙厚 240 mm。立管距墙内侧距离 130 mm。

2. 消火栓和喷淋系统均采用镀锌管道,螺纹连接。

3. 水平管和喷头之间的短立管长度为 0.3 m。

4. 消火栓系统采用 SN65 普通型消火栓,19 mm 水枪一支,25 m 长衬里麻织水龙带一条。

5. 消防水管穿基础侧墙设柔性防水套管,穿楼板时设一般钢套管,水平干管在吊顶内敷设。

6. 施工完毕后,整个系统应进行静水压力试验。系统工作压力:消火栓系统为 0.40 MPa;喷淋系统为 0.55 MPa。试验压力:消火栓系统为 0.675 MPa;喷淋系统为 1.4 MPa。

【实操训练内容和相关材料】

室外消火栓项目计价资料见表 5-13。

表 5-13 室外消火栓项目计价一览

定额编号	项目名称	计量单位	安装费/元			主材费		
			人工费	材料费	机械费	单价/元	耗用量	总计/元
03-9-1-104	室外地上式消火栓 1.6 MPa(深 100 型)	套	219.82	80.18	17.44	1 284	1	1 284

注:管理费和利润分别按人工费的 27% 和 8% 计算。

【实践训练要求】

训练 1:列出消防工程项目名称,并计算工程量,填入工程计算书(表 5-14)。

训练 2:编制分部分项工程清单计价表(表 5-15)。

训练 3:编制室外消火栓项目的综合单价分析表(表 5-16)。

表 5-14 工程量计算书

序号	项目名称	计算式	工程量
1			
2			
3			
4			

（续表）

序号	项目名称	计算式	工程量
5			
6			
7			
8			
9			
10			
11			
12			
13			
14			
15			
16			
17			
18			
19			
20			

表 5-15　分部分项工程清单计价表

序号	项目编码	项目名称	项目特征	单位	工程量	单价	合价
1							
2							
3							
4							
5							
6							
7							
8							
9							
10							
11							
12							
13							
14							
15							
16							

（续表）

序号	项目编码	项目名称	项目特征	单位	工程量	单价	合价
17							
18							
19							
20							

表 5-16 综合单价分析表

项目编码		项目名称			计量单位	

清单综合单价组成明细

定额编码	定额名称	定额单位	数量	单价				合价			
				人工费	材料费	机械费	管理费和利润	人工费	材料费	机械费	管理费和利润
人工单价			小计								
元/工日			未计价材料费								
综合单价											

【实践活动评价】

根据各小组的实践活动完成情况,分别由学生自评、小组其他成员互评和任课教师评价,完成项目实践活动评价记录。

个人自评、小组互评、教师评价记录

个人自评:项目设置正确性	正确 ☐	较正确 ☐	还需改进 ☐
计算结果准确性	精确 ☐	较精确 ☐	还需改进 ☐
清单编制完整性	完整 ☐	较完整 ☐	还需改进 ☐
综合单价合理性	合理 ☐	较合理 ☐	还需改进 ☐
小组互评:整体训练效果	很好 ☐	较好 ☐	一般 ☐
教师评价:实训完成质量	堪称完美 ☐	继续保持 ☐	还需努力 ☐

刷油、防腐蚀、绝热工程计量与计价

学习目标

1. 认知刷油、防腐蚀、绝热工程基本原理,能熟练识读刷油、防腐蚀、绝热工程图纸。

2. 根据刷油、防腐蚀、绝热工程图纸,列出刷油、防腐蚀、绝热工程项目名称,并计算工程量。

3. 运用《上海市安装工程预算定额》(SH 02—31—2016),编制刷油、防腐蚀、绝热工程项目综合单价。

4. 结合《通用安装工程工程量计算规范》(GB 50856—2013),编制刷油、防腐蚀、绝热工程工程量清单计价表。

学习内容

1. 刷油、防腐蚀、绝热工程基本原理。

2. 刷油、防腐蚀工程项目计量与计价。

3. 绝热工程项目计量与计价。

学习成果

1. 完成刷油、防腐蚀、绝热工程项目计算书编制。

2. 完成分部分项工程量清单计价表编制。

3. 完成刷油、防腐蚀、绝热工程造价汇总表编制。

任务一 刷油、防腐蚀、绝热工程列项

任务目标

1. 根据刷油、防腐蚀、绝热工程平面图,列出刷油、防腐蚀、绝热工程项目名称。

2. 结合《通用安装工程工程量计算规范》(GB 50856—2013),编制刷油、防腐蚀、绝热工程项目的工程量清单四要素。

情景设计

1. 以刷油、防腐蚀、绝热工程施工图为依据,分析刷油、防腐蚀、绝热项目的设置。

2. 以《通用安装工程工程量计算规范》(GB 50856—2013)为基础,描述刷油、防腐蚀、绝热工程项目的特征。

课堂实训任务

根据"给排水工程施工总说明",结合《通用安装工程工程量计算规范》(GB 50856—2013),列出刷油、保温工程项目名称、项目编码、项目特征和单位。

给排水工程施工总说明:

(1) 给水管道安装完毕后清除表面水泥砂浆,刷银粉漆二度,屋面明敷给水管道采用泡沫塑料保温($\delta=50$ mm),外包玻璃丝布(5 mm 厚)。

(2) 排水管道安装完毕后,清除表面水泥砂浆,刷沥青漆二度。

(3) 管道支架刷红丹漆二度,再刷调和漆二度(制作安装 0.7 t 管道)。

训练:列出电气刷油、防腐蚀、绝热项目名称,编制分部分项工程工程量清单四要素,并填入表 6-1 中。

表 6-1 分部分项工程工程量清单

序号	项目编码	项目名称	项目特征	单位
1				
2				
3				
4				
5				
6				

任务实施

1. 刷油、防腐蚀、绝热项目设置应根据施工图,对管道刷油、防腐蚀、绝热项目进行分别列项。

2. 管道刷油、防腐蚀、绝热项目的清单规范见表 6-2—表 6-4。

表 6-2 管道刷油信息一览

项目编码	项目名称	项目特征	计量单位	工程量计算规则	工作内容
031201001	管道刷油	1. 除锈级别 2. 油漆品种 3. 涂刷遍数、漆膜厚度 4. 标志色方式、品种	1. m² 2. m	1. 以"m²"计量，按设计图示表面尺寸以面积计算 2. 以"m"计量，按设计图示尺寸以长度计算	1. 除锈 2. 调配、涂刷
031201002	设备与矩形管道刷油				
031201003	金属结构刷油	1. 除锈级别 2. 油漆品种 3. 结构类型 4. 涂刷遍数、漆膜厚度	1. m² 2. kg	1. 以"m²"计量，按设计图示表面尺寸以面积计算 2. 以"kg"计量，按金属结构的理论质量计算	
031201004	铸铁管、暖气片刷油	1. 除锈级别 2. 油漆品种 3. 涂刷遍数、漆膜厚度	1. m² 2. m	1. 以"m²"计量，按设计图示表面尺寸以面积计算 2. 以"m"计量，按设计图示尺寸以长度计算	

表 6-3 防腐蚀涂料工程（编码：031202）

项目编码	项目名称	项目特征	计量单位	工程量计算规则	工作内容
031202001	设备防腐蚀		m²	按设计图示表面积计算	
031202002	管道防腐蚀	1. 除锈级别 2. 涂刷(喷)品种 3. 分层内容 4. 涂刷(喷)遍数、漆膜厚度	1. m² 2. m	1. 以"m²"计算量，按设计图示表面积尺寸以面积计算 2. 以"m"计量，按设计图示尺寸以长度计算	1. 除锈 2. 调配、涂刷(喷)
031202003	一般钢结构防腐蚀		kg	按一般钢结构的理论质量计算	
031202004	管廊钢结构防腐蚀			按管廊钢结构的理论质量计算	

表 6-4 绝热工程(编码: 031208)

项目编码	项目名称	项目特征	计量单位	工程量计算规则
031208001	设备绝热	1. 绝热材料品种 2. 绝热厚度 3. 设备形式 4. 软木品种	m³	按图示表面积加绝热层厚度及调整系数计算
031208002	管道绝热	1. 绝热材料品种 2. 绝热厚度 3. 管道外径 4. 软木品种		
031208004	阀门绝热	1. 绝热材料 2. 绝热厚度 3. 阀门规格		
031208005	法兰绝热	1. 绝热材料 2. 绝热厚度 3. 法兰规格		
031208007	防潮层、保护层	1. 材料 2. 厚度 3. 层数 4. 对象 5. 结构形式	1. m² 2. kg	1. 以"m²"计量,按图示表面积加绝热层厚度及调整系数计算 2. 以"kg"计量,按图示金属结构质量计算

3. 刷油工程包括下列几部分内容。

(1) 管道刷油(031201001)。

(2) 设备与矩形管道刷油(031201002)。

(3) 金属结构刷油(031201003)。

(4) 铸铁管、暖气片刷油(031201004)。

4. 防腐蚀工程包括以下几方面。

(1) 设备防腐蚀(031202001)。

(2) 管道防腐蚀(031202002)。

(3) 一般钢结构防腐蚀(031202003)。

5. 绝热工程具体内容如下。

(1) 设备绝热(031208001)。

(2) 管道绝热(031208002)。

(3) 阀门绝热(031208004)。

(4) 法兰绝热(031208005)。

(5) 防潮层与保护层(031208007)。

知识链接

1. 刷油、防腐蚀、绝热工程适用于新建、扩建、改建工程中的设备、管道、金属结构等的刷油、防腐蚀、绝热工程。

2. 刷油、防腐蚀、绝热工程构造具体可见图 6-1。

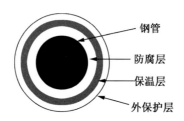

图 6-1　管道刷油、防腐蚀、绝热示意图

技能训练

1. 根据图 6-2—图 6-4，依次列出刷油、防腐蚀、绝热项目的名称。

项目名称：① _____ ;② _____ ;③ _____ 。

图 6-2

图 6-3

图 6-4

自主实践

通过完成课堂实训任务，可以明确刷油、防腐蚀、绝热工程项目的设置，进一步熟悉刷油、防腐蚀、绝热工程项目特征描述内容，认知刷油、防腐蚀、绝热项目工程量清单的编制原理，课后可加以拓展。

任务评价

根据各小组的实践活动完成情况，分别由学生自评、小组其他成员互评和任课教师评价，完成项目实践活动评价记录。

个人自评、小组互评、教师评价记录

个人自评：项目设置准确性	正确 ☐	较正确 ☐	还需改进 ☐
项目特征完整性	完整 ☐	较完整 ☐	还需改进 ☐
小组互评：整体训练效果	很好 ☐	较好 ☐	一般 ☐
教师评价：实训完成质量	堪称完美 ☐	继续保持 ☐	还需努力 ☐

注意事项

1. 刷油工程工作内容包含除锈，不另列项目，具体见表 6-2。
2. 管道支架刷油按金属结构刷油项目设置，具体见表 6-2。
3. 管道绝热按不同材质、不同厚度分别列项，见表 6-5。

表 6-5

项目编码	项目名称	项目特征
031208001	设备绝热	1. 绝热材料品种 2. 绝热厚度 3. 设备形式 4. 软木品种
031208002	管道绝热	1. 绝热材料品种 2. 绝热厚度 3. 管道外径 4. 软木品种

任务二 刷油、防腐蚀、绝热工程项目计量

▶▶ 任务目标

1. 依据刷油、防腐蚀、绝热工程平面图，结合刷油、防腐蚀、绝热项目工程量计算规则，计算刷油、防腐蚀、绝热项目的工程量。

2. 结合《通用安装工程工程量计算规范》(GB 50856—2013)，编制刷油、防腐蚀、绝热项目的工程量清单。

▶▶ 情景设计

1. 以《通用安装工程工程量计算规范》(GB 50856—2013)工程量计算规则为参考，运用刷油、防腐蚀、绝热项目算量方法。

2. 以《通用安装工程工程量计算规范》(GB 50856—2013)为基础,完成刷油、防腐蚀、绝热项目的工程量清单。

课堂实训任务

根据"某给排水工程施工总说明"及相关项目工程量资料,结合《通用安装工程工程量计算规范》(GB 50856—2013),计算刷油、保温工程项目的工程量,并编制项目的工程量清单。

给排水工程施工总说明:

(1)给水管道安装完毕后清除表面水泥砂浆,刷银粉漆二度,屋面明敷给水管道采用泡沫塑料保温($\delta=50$ mm),并外包玻璃丝布(5 mm 厚)。

(2)排水管道安装完毕后,清除表面水泥砂浆,刷沥青漆二度。

(3)管道支架刷红丹漆二度,再刷调和漆二度(制作安装 0.7 t 管道)。

给排水管道项目工程量资料见表 6-6。

表 6-6 给排水管道项目工程量资料一览

管道按输送介质	管径	长度	备注
给水管	DN15	200 m	
给水管	DN20	135 m	
给水管	DN40	75 m	
给水管	DN80	20 m	
给水管	DN50	80 m	屋面明敷
排水管	DN50	310 m	
排水管	DN75	210 m	
排水管	DN100	250 m	

训练 1:列出刷油、防腐蚀、绝热项目名称,并计算工程量,填入工程量计算书(表 6-7)。

表 6-7 工程量计算书

序号	项目名称	计算式	工程量
1			
2			
3			

(续表)

序号	项目名称	计算式	工程量
4			
5			
6			

训练2：编制分部分项工程工程量清单(表6-8)。

表6-8 分部分项工程工程量清单

序号	项目编码	项目名称	项目特征	单位	工程量
1					
2					
3					
4					
5					
6					

◇ **任务实施**

1. 刷油、防腐蚀、绝热项目算量规则如下所述。

刷油项目可细分为管道刷油和金属结构刷油。

（1）管道刷油。

① 以"m²"计量，按设计图示表面积尺寸以面积计算。

② 以"m"计量，按设计图示尺寸以长度计算。

（2）金属结构刷油。

① 以"m²"计量，按设计图示表面积尺寸以面积计算。

② 以"kg"计量，按金属结构的理论质量计算。

（3）管道防腐蚀具体可参照管道刷油内容。

① 以"m²"计算，按设计图示表面积尺寸以面积计算。

② 以"m"计算，按设计图示尺寸以长度计算。

（4）设备防腐蚀：按设计图示表面积计算。

（5）一般钢结构防腐蚀：按一般钢结构的理论质量计算。

（6）设备绝热、管道绝热：按图示表面积加绝热层厚度及调整系数计算。

（7）阀门、法兰绝热：同设备、管道绝热。

2. 清单规范可详见"任务一"中的表 6-2—表 6-4。

知识链接

按设计图示尺寸以长度计算（含附加长度 3.9%），尺寸计算要求如下。

1. 设备筒体、管道表面积计算公式：

$$S = \pi \cdot D \cdot L$$

式中　π——圆周率；

D——设备或管道直径；

L——设备筒体高或管道延长米。

2. 设备筒体、管道绝热工程量计算公式：

$$V = \pi \cdot (D + 1.033\delta) \cdot 1.033\delta \cdot L$$

式中　π——圆周率；

D——直径；

1.033——调整系数；

δ——绝热层厚度；

L——设备筒体高或管道延长米。

3. 阀门绝热工程量计算公式：

$$V = \pi \cdot (D + 1.033\delta) \cdot 2.5D \cdot 1.033\delta \cdot 1.05 \cdot N$$

式中　N——阀门个数。

4. 法兰绝热工程量计算公式:

$$V = \pi \cdot (D + 1.033\delta) \cdot 1.5D \cdot 1.033\delta \cdot 1.05 \cdot N$$

式中　1.05——调整系数;

　　　N ——法兰个数。

5. 设备筒体、管道防潮和保护层工程量计算公式:

$$S = \pi \cdot (D + 2.1\delta + 0.008\ 2) \cdot L$$

式中　2.1——调整系数;

　　　0.008 2——捆扎线直径或钢带厚。

6. 阀门防潮和保护层工程量计算公式:

$$S = \pi \cdot (D + 2.1\delta) \cdot 2.5D \cdot 1.05 \cdot N$$

式中　N ——阀门个数。

7. 法兰防潮和保护层工程量计算公式:

$$S = \pi \cdot (D + 2.1\delta) \cdot 1.5D \cdot 1.05 \cdot N$$

式中　N ——法兰个数。

❀ 技能训练

1. 某工程敷设铸铁承插式排水管 DN75,经计算工程量为 500 m,试计算管道刷油项目工程量(管道手工除轻锈后,刷红丹防锈漆两度),要求如下。

(1)结合项目算量规则,计算项目工程量,编制工程预算书。

(2)结合清单计算规范,编制项目工程量清单。

2. 某工程屋面明敷管道外进行保温,材料采用超细玻璃棉厚度 50 mm,外部再用玻璃丝布包扎(管道 DN65,长度 10 m;管道 DN50,长度 35 m)。要求如下。

(1)结合项目算量规则,计算项目工程量,编制工程预算书。

(2)结合清单计算规范,编制项目工程量清单。

💬 自主实践

通过完成课堂实训任务,可以温习刷油、防腐蚀、绝热项目的设置,进一步熟悉刷油、防腐蚀、绝热项目的算量规则,认知刷油、防腐蚀、绝热项目工程量清单的编制原理,课后可加以拓展。

任务评价

根据各小组的实践活动完成情况,分别由学生自评、小组其他成员互评和任课教师评价,完成项目实践活动评价记录。

个人自评、小组互评、教师评价记录

个人自评:计算结果合理性	精确 ☐	较精确 ☐	还需改进 ☐
清单编制完整性	完整 ☐	较完整 ☐	还需改进 ☐
小组互评:整体训练效果	很好 ☐	较好 ☐	一般 ☐
教师评价:实训完成质量	堪称完美 ☐	继续保持 ☐	还需努力 ☐

注意事项

计算面积和体积时不要遗漏调整系数。

附 录

《安装工程计量与计价习题册》

项目一　认知工程量清单原理

模块一　工程量清单概述的认知

【思考与练习】

1. 下列属于专业措施项目的是(　　)。
   A. 临时设施
   B. 冬雨季施工
   C. 脚手架
   D. 环境保护

2. 下列不属于其他项目清单的是(　　)。
   A. 暂列金额
   B. 材料暂估价
   C. 计日工
   D. 机械进出场

3. 工程量清单中可作为竞争性费用的是(　　)。
   A. 专业工程暂估价
   B. 失业保险费
   C. 增值税
   D. 文明施工费

4. 下列项目(　　)属于分部工程。
   A. 配电箱
   B. 荧光灯
   C. 照明开关
   D. 给排水管道
   E. 卫生器具

5. 脚手架费、安装与生产同时进行施工增加费、在有害身体健康环境中施工增加费属于(　　)。
   A. 专业措施项目
   B. 安全防护、文明施工措施项目
   C. 其他措施项目
   D. 其他项目费

6. 照明器具安装工程属于(　　)。
   A. 分项工程
   B. 分部工程
   C. 单位工程
   D. 单项工程

7. 荧光灯属于(　　)。
   A. 分项工程
   B. 分部工程
   C. 单位工程
   D. 单项工程

模块二　工程量清单五要素的编制

【思考与练习】

1. 下列属于安装工程清单项目名称的是（　　）。

    A. 照明配电箱　　B. 双联暗装开关　　C. 管内穿线　　　　D. 接线盒

2. 下列描述荧光灯项目特征错误的是（　　）。

    A. 名称：双管荧光灯　　　　　　　　B. 型号：YG2-2

    C. 规格：40 W　　　　　　　　　　　D. 安装形式：吸顶式安装

3. 下列淋浴器项目计量单位正确的是（　　）。

    A. 个　　　　　　B. 组　　　　　　C. 套　　　　　　D. 副

    4. 某工程塑料电线管 PC25 项目的清单编码为 030411001001，镀锌钢管电线管 PC20 项目的清单编码为 030411001002，管内穿线 BV2.5 项目的清单编码为 030411004003，是否正确，为什么？

    5. 结合题 4，该工程项目名称书写是否正确，为什么？

    6. 安装工程照明工程中普通灯具项目特征描述中的方形吸顶灯，规格为 800 mm×800 mm，类型为吸顶灯，是否正确，为什么？

习题图 1-1　方形吸顶灯

    7. 结合题 6，1×60 W 属于哪一条项目特征描述？

    8. 照明配电箱、配管、圆球吸顶灯、单控双联暗装开关、风扇安装工程清单项目名称有误的是哪几个？

    9. 结合题 8，上述项目对应的清单计量单位分别为台、100 m、10 套、10 个、10 台，是否正确，为什么？

项目二 安装工程清单计价

模块一 编制分部分项工程清单计价表

任务一 编制清单项目综合单价

【思考与练习】

1. 电气工程接地母线定额项目人工费为 247.05 元/10 m,材料费和机械费之和为 86.25 元/10 m,管理费和利润率为 35%,则接地母线清单项目综合单价为( )元/m。

    A. 41.98　　　　B. 45　　　　　　C. 419.77　　　　D. 449.96

2. 消防水喷淋镀锌钢管定额项目人工费为 153 元/10 m,材料费为 162.19 元/10 m,机械费为 60.9 元/10 m,管理费和利润率为 32%,则水喷淋钢管清单项目综合单价为( )元/m。

    A. 49.64　　　　B. 42.96　　　　C. 42.8　　　　D. 42.51

3. 参考荧光灯项目定额信息数据(习题表 2-1),编制荧光灯项目的综合单价,并编制项目的工程量清单计价表(习题表 2-2)。已知荧光灯定额项目工程量为 120 套,定额要素市场单价如下。

人工单价 135 元/工日,成套灯具 114 元/套,膨胀螺栓(钢制)M6 为 1.28 元/套,塑料膨胀管(尼龙胀管)0.03 元/个,硬质合金冲击钻头 φ6～φ8 为 4.05 元/根,瓷接头 双路 0.34 元/个,铜芯聚氯乙烯绝缘线 BV2.5 为 1.67 元/m。

习题表 2-1 荧光灯项目定额信息一览

定额编号				03-4-12-57	03-4-12-58	03-4-12-59	03-4-12-60
项 目			单位	荧光灯具安装			
				吸顶式			
				单管	双管	三管	四管
				10 套	10 套	10 套	10 套
人工	00050101	综合人工	工日	1.390 0	1.750 0	1.970 0	2.364 0
材料	25050001	成套灯具	套	(10.100 0)	(10.100 0)	(10.100 0)	(10.100 0)
	03018171	膨胀螺栓(钢制)M6	套	10.150 0	10.150 0	10.150 0	10.150 0
	03018807	塑料膨胀管(尼龙胀管)M6～M8	个	10.150 0	10.150 0	10.150 0	10.150 0
	03210203	硬质合金冲击钻头 φ6～φ8	根	0.170 0	0.170 0	0.170 0	0.170 0
	27150312	瓷接头 双路	个	10.300 0	10.300 0	10.300 0	10.300 0
	28030215	铜芯聚氯乙烯绝缘线 BV2.5	m	7.130 0	7.130 0	7.130 0	7.130 0
		其他材料费	%	5.000 0	5.000 0	5.000 0	5.000 0

习题表 2-2　分部分项工程清单计价表

序号	项目编码	项目名称	项目特征	单位	工程量	单价	合价
1			1. 名称： 2. 型号： 3. 规格： 4. 安装形式：				

任务二　编制清单项目综合单价分析表

【思考与练习】

1. 某安装工程项目综合单价分析表中，人工费合计为 36.78 元、材料费合计为 274.52 元、机械费合计为 18.96 元，管理费和利润率为 35%，则该项目综合单价为（　　）元。

　　A. 330.26　　　　B. 343.13　　　　C. 349.77　　　　D. 445.85

2. 项目综合单价分析表中所计算的综合单价表述正确的是（　　）。

　　A. 单位数量清单项目人工费＋材料费＋机械费

　　B. 单位数量定额项目人工费＋材料费＋机械费

　　C. 单位数量清单项目人工费＋材料费＋机械费＋管理费＋利润

　　D. 单位数量定额项目人工费＋材料费＋机械费＋管理费＋利润

3. 综合单价分析表中定额项目数量正确表述是（　　）。

　　A. 定额项目计量单位所对应的数量

　　B. 清单项目计量单位所对应的数量

　　C. 定额项目工程量除以清单项目工程量

　　D. 清单项目计量单位除以定额项目计量单位

4. 参考接地母线埋地敷设项目定额信息数据（习题表 2-3），编制接地母线项目的综合分析表（习题表 2-4）和清单计价表（习题表 2-5）。

接地母线埋地敷设项目定额要素市场价如下。综合工日：150 元/工日。接地母线：6.39 元/m。电焊条：4.1 元/kg。沥青清漆：11.82 元/kg。交流弧焊机 21 kVA：129 元/台班。

习题表 2-3　接地母线埋地敷设项目定额信息一览

定额编号				03-4-9-10	03-4-9-11	03-4-9-12	03-4-9-13
项　　目			单位	接地母线敷设			
				埋地敷设	沿电缆沟内支架敷设	沿砖混凝土敷设	沿桥架敷设
				10 m	10 m	10 m	10 m
人工	00050101	综合人工	工日	1.830 0	0.414 0	0.822 0	0.468 0

(续表)

项目			单位	接地母线敷设			
				埋地敷设	沿电缆沟内支架敷设	沿砖混凝土敷设	沿桥架敷设
				10 m	10 m	10 m	10 m
材料	27061101	接地母线	m	(10.500 0)	(10.500 0)	(10.500 0)	(10.500 0)
	01130336	热轧镀锌扁钢 50~75	kg			0.710 0	
	03130114	电焊条 J422 ϕ3.2	kg	0.200 0	0.250 0	0.210 0	0.200 0
	13010101	调和漆	kg		0.100 0	0.200 0	0.200 0
	13053111	沥青清漆	kg	0.010 0			
	17010139	焊接钢管 DN40	m			0.400 0	
		其他材料费	%	5.500 0	5.500 0	6.600 0	5.500 0
机械	99250010	交流弧焊机 21 kVA	台班	0.040 0	0.150 0	0.110 0	0.040 0

习题表 2-4 综合单价分析表

项目编码			项目名称				计量单位			

清单综合单价组成明细

定额编码	定额名称	定额单位	数量	单价				合价			
				人工费	材料费	机械费	管理费和利润	人工费	材料费	机械费	管理费和利润
人工单价				小计							
元/工日				未计价材料费							
		综合单价									

习题表 2-5 分部分项工程清单计价表

序号	项目编码	项目名称	项目特征	单位	工程量	单价	合价
1			1. 名称: 2. 型号: 3. 规格: 4. 安装部位: 5. 安装形式:		18.65		

任务三　清单项目综合单价组价

【思考与练习】

1. 某安装工程清单项目工程量为 5 台,它的综合单价由两个定额项目组价而成的,其中一个定额项目的计量单位为 10 个,工程量为 2,则综合单价分析表中该定额项目的数量为(　　)。

　　A. 10　　　　　　B. 2　　　　　　C. 0.5　　　　　　D. 0.4

2. 判断题:一个清单项目综合单价必须只有一个定额项目对应组价。(　　)。

　　A. 是　　　　　　B. 否

3. 判断题:照明开关项目综合单价是由开关、开关盒两个项目组价而成的。(　　)。

　　A. 是　　　　　　B. 否

4. 参考某电缆工程项目相关定额要素单价数据(习题表 2-6),编制铺砂、盖保护板(砖)项目的综合单价分析表(习题表 2-7)。

习题表 2-6　某电缆工程项目相关定额要素单价信息一览

定额编号	项目名称	计量单位	安装费/元		
			人工费	材料费	机械费
03-4-8-14	电缆沟铺砂、盖保护板 1～2 根	100 m	362	3 900	0
03-4-8-15	电缆沟铺砂、盖保护板每增加 1 根	100 m	97	1 700	0

习题表 2-7　综合单价分析表

项目编码		项目名称		计量单位	
清单综合单价组成明细					

定额编码	定额名称	定额单位	数量	单价				合价			
				人工费	材料费	机械费	管理费和利润	人工费	材料费	机械费	管理费和利润
人工单价			小计								
	元/工日		未计价材料费								
		综合单价									

拓展任务 工程量清单造价费用组成

【思考与练习】

1. 工程施工中,甲方供应材料,材料进现场保管费用属于( )费用。

    A. 暂列金额   B. 专业暂估价   C. 材料暂估价   D. 总承包管理费

2. 下列不属于规费的是( )。

    A. 养老保险费   B. 工程财产保险费

    C. 医疗保险费   D. 工伤保险费

3. 当建筑物高度超过 20 m 或层数超过六层时,相关项目应计算高层施工增加费,应计入造价计算表中的( )费用。

    A. 分部分项工程   B. 专业措施项目   C. 其他措施项目   D. 规费

4. 工程排污费属于造价汇总表中的项目是( )。

    A. 分部分项工程费   B. 安全防护、文明施工措施费

    C. 专业措施项目费   D. 规费

5. 分部分项工程费的组成内容包括_____、_____、_____、_____及

_____。

6. "灯具安装项目"安装高度超 5 m,超高费应计入_____费用。

7. 合同约定之外的或者因变更而产生的、工程量清单中没有相应项目的额外工作属于其他项目费中的_____。

拓展任务 编制清单造价汇总表

【思考与练习】

1. 安全文明施工费的计费基数是( )。

    A. 分部分项工程费   B. 人工费

    C. 人工费+材料费   D. 人工费+材料费+机械费

2. 不属于规费的计费基数是( )。

    A. 分部分项工程费中的人工费   B. 专业措施项目费中的人工费

    C. 专业工程暂估价中的人工费   D. 计日工

3. 不可作为竞争性费用的是( )。

    A. 社会保险费   B. 增值税   C. 临时设施费   D. 总承包管理费

4. 不采用综合单价计价的费用是( )。

    A. 计日工   B. 分部分项工程费

    C. 其他措施项目费   D. 专业工程暂估价

5. 根据某安装工程相关资料,完成清单造价汇总表的编制(习题表 2-8)。

某安装工程相关资料说明:分部分项工程工料机费用合计为 800 万元,其中人工费占 10%,管理费和利润分别按人工费 30% 和 10% 计。脚手架搭拆的工料机费用按分部分项工程人工费的 8% 计,其中人工费占 25%;安全、文明施工措施费用按地区规定计 8 万元,其他措施项目费用总额为 12 万元。暂列金额为 5 万元,专业工程暂估价为 16 万元,其中人工费为 25%,专业工程为分包工程,总包服务费费率为 3%,不考虑计日工。社会保险费为人工费的 32.6%,住房公积金为人工费的 1.59%,工程排污费暂估 1.5 万元,税率 9%。

习题表 2-8 某安装工程清单造价汇总表

序号	项目内容	计算式	金额/万元	其中:人工费
	造价汇总			

项目三 电气设备安装工程计量与计价

模块一 认知电气设备安装工程基本原理

【思考与练习】

1. 下列项目属于清单照明器具安装项目的是( )。

   A. 照明开关　　　B. 风扇　　　　　　C. 普通灯具　　　　　D. 浴霸

2. 照明开关项目属于清单规范中的( )分部工程项目。

   A. 配电装置安装　　　　　　　　　B. 控制设备及低压电器安装

   C. 配管、配线　　　　　　　　　　D. 照明器具安装

3. 护套线的项目名称是( )。

   A. 配管　　　　　B. 配线　　　　　　C. 电缆　　　　　　D. 线槽

4. 插座盒项目属于清单规范中的( )分部工程项目。

   A. 配电装置安装　　　　　　　　　B. 控制设备及低压电器安装

   C. 配管、配线　　　　　　　　　　D. 照明器具安装

5. 不属于控制设备及低压电气安装项目的是( )。

   A. 动力配电箱　　B. 壁扇　　　　　　C. 风扇调速开关　　　D. 插座

6. 根据电气照明平面图(习题图 3-1)和电气照明相关图例(习题表 3-1),并结合清单规范完成习题表 3-2。

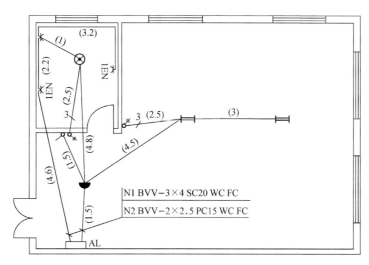

习题图 3-1 电气照明平面图

注:1. 开关、插座均为暗装;2. 图中未标注的导线概数均为 2。

习题表 3-1 电气照明图例一览

图例	名称、型号、规格	备注
▭	暗装照明配电箱 AL	暗装,中心距地 1.8 m
⊢▭⊣	格栅荧光灯,XD512—Y,2×20W	吸顶安装
⊗	防水吸顶灯,PROX—C22WA,φ300,22W	吸顶安装
◗	半圆球吸顶灯,XDCZ—50,φ300,32W	吸顶安装
⊀	单相二孔暗插座,15A	暗装,距地 2.5 m
⊀IEN	单相三孔防溅暗插座,15 A	暗装,距地 1.5 m
⟋○	单联单控跷板开关,B31/1,250 V/10 A	距地 1.5 m 暗装
⟋○ˣ	双联单控跷板开关,B32/1,250 V/10 A	距地 1.5 m 暗装

习题表 3-2 电气照明项目名称及编码信息一览

序号	项目编码	项目名称	序号	项目编码	项目名称

模块二 编制电气照明工程项目计算书和计价表

任务一 照明控制设备项目计量

【思考与练习】

根据习题图 3-2、习题表 3-3 完成分部分项工程量清单(习题表 3-4)编制。

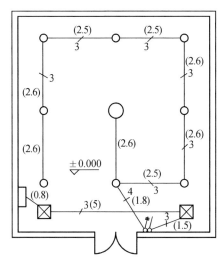

习题图 3-2 照明工程平面图

习题表 3-3 电气照明工程图例一览

序号	图例	名称、型号、规格	备注
1	○	装饰灯 XDCZ—50,8×100 W	吸顶安装
2	◯	装饰灯 FZS—164,1×100 W	
3	⌀	单联单控开关(暗装)250 V/10 A,86 型	安装高度距地 1.4 m
4	⌀	三联单控开关(暗装)250 V/10 A,86 型	
5	⊠	排风扇 300 mm×300 mm,1×60 W	吸顶
6	▭	楼层配电箱 AL,300 mm×200 mm×120 mm(宽×高×厚)	箱底标高距地 1.6 m

习题表 3-4　分部分项工程量清单

序号	项目编码	项目名称	项目特征	单位	数量

任务二　配管项目计量

【思考与练习】

根据上文习题图 3-2、习题表 3-3,完成电气照明工程配管项目工程清单编制(习题表 3-5)。

设计说明:

(1) 楼层照明配电箱 AL 电源由总配电箱引来,配电箱为嵌墙暗装。

(2) 管路均为镀锌电线管 MT20 沿墙、顶板暗配,顶管敷管标高为 4.500 m。

习题表 3-5　电气照明工程配管工程清单

序号	项目编码	项目名称	项目特征	单位	数量

任务三　配线项目计量

【思考与练习】

根据上文习题图 3-2、习题表 3-3,完成电气照明工程配线项目工程清单编制(习题表 3-6)。

设计说明:

(1) 楼层照明配电箱 AL 电源由总配电箱引来,配电箱为嵌墙暗装。

(2) 管路均为镀锌电线管 MT20 沿墙、顶板暗配,顶管敷管标高为 4.500 m。

(3) 导线采用型号 BV2.5 的线。

习题表 3-6　电气照明工程配线项目工程清单

序号	项目编码	项目名称	项目特征	单位	数量

任务四　照明器具项目计量

【思考与练习】

根据上文习题图 3-2、习题表 3-3,完成电气照明工程照明器具项目工程清单编制(习题表 3-7)。

习题表 3-7　照明器具项目工程清单

序号	项目编码	项目名称	项目特征	单位	数量

任务五　电气照明工程计价

【思考与练习】

根据上文习题图 3-2、习题表 3-3,完成电气照明工程项目分部分项综合单价分析表(习题表 3-8,根据不同电气照明工程请自行绘制其余表格,并填写)和工程量清单计价表(习题表 3-9,根据不同的工程量自行绘制其余表格)。

习题表 3-8　综合单价分析表

项目编码			项目名称					计量单位			
清单综合单价组成明细											
定额编码	定额名称	定额单位	数量	单价				合价			
				人工费	材料费	机械费	管理费和利润	人工费	材料费	机械费	管理费和利润
人工单价			小计								
元/工日			未计价材料费								
综合单价											

习题表 3-9　分部分项工程工程量清单计价表

序号	项目编码	项目名称	项目特征	单位	工程量	综合单价	合价
1							
2							
3							
4							
5							
6							
7							
8							
9							

模块三　编制电缆敷设工程项目计算书和计价表

任务一　电缆敷设项目列项

【思考与练习】

1. 电缆沟挖填土方项目套用的清单编码是(　　)。

  A. 030408001001　　　　　　　　B. 030408005001

  C. 031301018001　　　　　　　　D. 010101007001

2. 铺砂、盖保护板(砖)项目的工作内容包括是(　　)。

  A. 电缆沟挖填土　　　　　　　　B. 盖保护板增加 1 根

  C. 揭(盖)盖板　　　　　　　　　D. 保护管

3. 下列室外电缆沟中电缆保护管 G50 项目特征描述正确的是(　　)。

  A. 名称：配管　　　　　　　　　B. 材质：塑料

  C. 规格：外径 50 mm　　　　　　D. 敷设方式：埋地

4. 电缆 YJV 4×50 G100 所描述的项目特征正确的是(　　)。

  A. 名称：控制电缆　　　　　　　B. 规格：4×50

  C. 材质：铝芯　　　　　　　　　D. 敷设方式：沿桥架

5. 根据某室外电缆(习题图 3-3)和"设计说明"，结合清单规范写出项目名称、项目编码、计量单位，完成习题表 3-10。

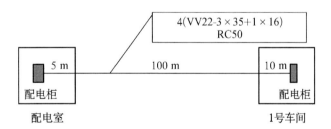

习题图 3-3　某室外总体电缆敷设工程平面图

  设计说明：某电缆敷设工程，采用直埋敷设 4 根电缆 VV22-3×35+1×16，进建筑物及配电室均采用 RC50 镀锌钢管埋地保护，电缆室外水平距离为 100 m，进入 1 号车间后 10 m 到配电柜，配电室的配电柜距外墙 5 m，电缆保护管做到外墙 1 m，埋深 0.8 m，室内外高差 600 mm，配电柜安装高度均离地 0.2 m，试编制铺砂、盖保护板及直埋电缆挖填土方项目工程量清单。

习题表 3-10　分部分项工程量清单表

序号	项目编码	项目名称	项目特征	单位
1				
2				
3				
4				
5				

任务二　电缆敷设项目计量

【思考与练习】

根据习题图 3-3,完成电缆敷设项目工程量计算和分部分项工程工程量清单编制。

训练 1: 列出电缆敷设项目名称,并计算工程量,填入工程计算书(习题表 3-11)。

习题表 3-11　工程量计算书

序号	项目名称	计算式	工程量
1			
2			
3			
4			
5			

训练 2：编制分部分项工程工程量清单(习题表 3-12)。

习题表 3-12　分部分项工程工程量清单

序号	项目编码	项目名称	项目特征	单位	工程量
1					
2					
3					
4					
5					

模块四　编制防雷接地工程项目计算书和计价表

任务一　防雷接地项目列项

【思考与练习】

1. 下列接地母线项目特征描述正确的是(　　)。

    A. 材质：镀锌钢管　　　　　　　　B. 规格：G20

    C. 安装部位：户内　　　　　　　　D. 安装形式：沿顶敷设

2. 下列不属于接地极项目所描述的项目特征是(　　)。

    A. 名称　　　　　B. 材质　　　　　C. 规格　　　　　D. 安装部位

3. 使用电缆作接地线,套用的项目编码是(　　)。

    A. 030408001001　　　　　　　　B. 030409001001

    C. 030409002001　　　　　　　　D. 030411004001

4. 某接地工程户外接地体采用∟50×5,连接接地体的接地线采用-40×4,则接地母线项目特征描述正确的是(　　)。

A. 材质：镀锌角钢　　　　　　　　B. 规格：－40×4

C. 安装形式：桥架内敷设　　　　　D. 土质：三类土

5. 不能按接地极项目编制清单的是（　　）。

A. 桩基础作接地极　　　　　　　　B. 基础钢筋作接地极

C. 地圈梁钢筋作接地极　　　　　　D. 桩台下柱钢筋

6. 下列项目不可以组价的是（　　）。

A. 避雷引下线和断接卡子　　　　　B. 接地极与接地装置调试

C. 避雷网与混凝土块制作　　　　　D. 均压环与钢铝窗接地

7. 根据电气工程平面图（习题图 3-4）、"设计说明"，并结合清单规范完成习题表 3-13。

设计说明：入户处做重复接地，系统接地设在配电箱 AL 下，接地母线采用－40×4 镀锌扁钢，室外埋深 0.75 m，普通土；接地极采用镀锌角钢 L 50×50×5×2 500，直立打入地下，接地极之间距离 5 m，距外墙 4 m 配电箱 AL 型号为 PZ30-20，配电箱尺寸宽×高×厚（330 mm×420 mm×120 mm），进箱长度 0.1 m，底边安装高度距地 1.5 m，距外墙 5 m。

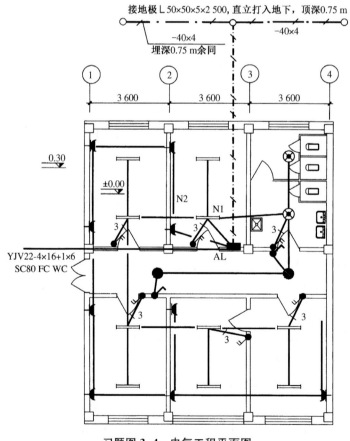

习题图 3-4　电气工程平面图

习题表 3-13　分部分项工程量清单表

序号	项目编码	项目名称	项目特征	单位
1				
2				
3				

任务二　防雷接地项目计量

【思考与练习】

根据习题图 3-4 和"设计说明",完成下列训练。

设计说明:入户处设重复接地,系统接地设在配电箱 AL 下,接地母线采用－40×4 镀锌扁钢,室外埋深 0.75 m,普通土;接地极采用镀锌角钢∟50×50×5×2 500,直立打入地下,接地极之间距离 5 m,距外墙 4 m 配电箱 AL 型号为 PZ30-20,配电箱尺寸宽×高×厚(330 mm×420 mm×120 mm),进箱长度 0.1 m,底边安装高度距地 1.5 m,距外墙 5 m。

训练 1:列出防雷接地项目名称,并计算工程量,填入工程计算书(习题表 3-14)。

习题表 3-14　工程量计算书

序号	项目名称	计算式	工程量
1			
2			
3			

训练 2：编制分部分项工程工程量清单(习题表 3-15)。

习题表 3-15 分部分项工程工程量清单

序号	项目编码	项目名称	项目特征	单位	工程量
1					
2					
3					

模块五 编制动力工程项目计算书和计价表

任务一 动力工程列项

【思考与练习】

1. 动力工程线路为 BV3×35＋1×16　SC50 FC 包含的清单项目是(　　　)。

　　A. 电缆保护管　　B. 电力电缆　　　　C. 电力电缆头　　　D. 配管

2. 连接配电箱和电机的电缆采用电缆沟支架敷设,则下列不属于清单项目的是(　　　)。

　　A. 电力电缆头　　B. 铁构件　　　　　C. 电力电缆　　　　D. 配管

3. 低压交流异步电动机项目不包括的内容是(　　　)。

　　A. 电机本体安装　B. 电机干燥　　　　C. 电机调试　　　　D. 电机检查接线

4. 2 000 V 感应电机应套用的清单编码是(　　　)。

　　A. 030406001　　B. 030406005　　　C. 030406006　　　D. 030406007

5. 动力配电箱项目不包括的内容是(　　　)。

　　A. 二次回路接线　B. 落地式基础型钢　C. 电缆终端头　　　D. 接线端子

6. 根据汽车库及其动力配电间平面图(习题图 3-5),并结合"施工说明"和清单规范,列出动力工程项目名称、项目编码、项目特征和计量单位,完成习题表 3-16。

施工说明:

(1) 管路为钢管沿地坪暗敷,水平管路均敷设在地坪下 0.1 m 处,电机出线口高出地坪 0.5 m,管口导线预留长度为 1 m。管路旁括号内数字为该管的水平长度,单位为 m。

(2) 动力配电箱 JL1 和插座箱均为成套产品,嵌入式安装,底边距地 1.4 m,动力配电箱箱体尺寸为 800 mm×700 mm×200 mm(宽×高×厚),插座箱箱体尺寸为 300 mm×

200 mm×150 mm(宽×高×厚)。

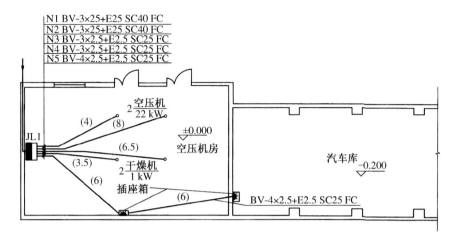

习题图 3-5　汽车库及其动力配电间平面图

习题表 3-16　分部分项工程量清单表

序号	项目编码	项目名称	项目特征	单位

任务二 动力工程项目计量

【思考与练习】

1. 动力工程配线项目工程量计算中,导线进电机的预留长度是(   )。

    A. 0.5 m   B. 1 m   C. 1.5 m   D. 2 m

2. 配电箱向电动机供电采用电力电缆敷设,则电缆项目的预留长度为(   )m。

    A. $2+1.5+1.5\times2=6.5$ B. $2+1+1.5\times2=6$

    C. $2+0.5+1.5\times2=5.5$ D. $2+1.5\times2=5$

3. 配电箱向电动机供电线路 BV3×25+1×16 SC50 FC,假设配电箱规格(600 mm×400 mm×150 mm),配管长度 15.2 m,则配线 25 mm² 项目工程量为(   )m。

    A. 47.6   B. 50.1   C. 51.6   D. 53.1

4. 根据习题图 3-5,并结合"施工说明"和清单规范,计算动力工程项目工程量,并填入工程量计算书(习题表 3-17)。

施工说明:

(1)管路为钢管沿地坪暗敷,水平管路均敷设在地坪下 0.1 m 处,电机出线口高出地坪0.5 m,管口导线预留长度为 1 m。管路旁括号内数字为该管的水平长度,单位为 m。

(2)动力配电箱 JL1 和插座箱均为成套产品,嵌入式安装,底边距地 1.4 m,动力配电箱箱体尺寸为 800 mm×700 mm×200 mm(宽×高×厚),插座箱箱体尺寸为 300 mm×200 mm×150 mm(宽×高×厚)。

习题表 3-17 工程量计算书

序号	项目名称	计算式	工程量

项目四　给排水工程计量与计价

模块一　认知给排水工程基本原理

【思考与练习】

1. 给排水工程不能单独列项的是（　　）。

　A. 管道压力试验　B. 管道支架　　　C. 管道穿墙套管　　D. 管道上阀门

2. 下列可以单独列项的是（　　）。

　A. 水表连接的阀门　　　　　　B. 管道上的管件

　C. 排水栓连接的存水弯　　　　D. 小便槽冲洗管上的水箱

3. 不能套用给排水工程管道的是（　　）。

　A. 雨水管道　　B. 消防管道　　C. 燃气管道　　D. 空调水管道

4. 关于给水管道工程量计算规则错误的是（　　）。

　A. 管道水平长度根据平面图按比例量截

　B. 管道垂直长度根据系统图标高差计算

　C. 不同管径管道的变径一般在三通处

　D. 应扣除阀门、水表、管件等所占的长度

5. 钢管给水管道项目特征描述不包括的是（　　）。

　A. 介质　　　　B. 材质　　　　C. 规格　　　　D. 连接形式

6. 不是给排水工程清单项目名称的是（　　）。

　A. 水表　　　　B. 小便器　　　C. 地漏　　　　D. 塑料管

7. 属于管道附件项目的清单编码是（　　）。

　A. 031001　　B. 031002　　C. 031003　　D. 031004

8. 给排水工程塑料螺纹截止阀相应项目编码正确的是（　　）。

　A. 031003001001　　　　　　B. 031003002001

　C. 031003003001　　　　　　D. 031003005001

9. 下列项目属于清单给排水管道项目的是（　　）。

　A. 聚氯乙烯塑料管　　　　　　B. 聚丙烯塑料管

　C. 镀锌钢管　　　　　　　　　D. 紫铜管

10. 给排水工程中可以单独列项的是（　　）。

　A. 连接给水管的管件　　　　　B. 与水表组装的阀门

　C. 卫生器具的给水附件　　　　D. 淋浴房的地漏

模块二 编制给排水工程项目计算书和计价表

任务一 给排水管道项目计量

【思考与练习】

1. 铸铁排水管道项目的工作内容中包括的是( )。

    A. 支架制作安装   B. 闭水试验

    C. 刷油   D. 保温

2. 属于室外混凝土排水管项目的清单编码是( )。

    A. 031001007   B. 031001008

    C. 031001009   D. 031001010

3. 排水管计量规则正确的是( )。

    A. 水平长度按系统图比例量截

    B. 垂直长度按平面图标高差

    C. 不扣除地漏所占长度

    D. 挂式小便器排水管垂直长度从地面算起

4. 室内外排水管道划分界限为( )。

    A. 外墙皮1.5 m   B. 阀门井

    C. 出户第一个排水检查井   D. 水表井

5. 排水系统工程中不可单独列项的是( )。

    A. 管道   B. 地漏

    C. 闭水试验   D. 管道支架

6. 下列塑料管中材质是聚丁烯管道的是( )。

    A. PVC   B. PPR   C. PE   D. PB

7. 给水管道清单项目中包含下列( )内容,无需另行列项。

    A. 阀门   B. 管件   C. 套管   D. 刷油

8. 根据给排水工程平面图、系统图(习题图4-1、习题图4-2)和"设计说明",并结合清单规范,编制给排水管道项目工程清单(习题表4-1)。

设计说明:

(1)给水管道为镀锌钢管螺纹连接,排水管为UPVC塑料管承插粘接,给排水立管距墙的轴线距离为200 mm,墙厚均为240 mm,进户给水管距外墙1.5 m。

(2)排水管埋地1.5 m深,透气管距屋顶2.1 m。

(3)给水管道安装完毕后,须水压试验及消毒水冲洗。排水管道系统安装完毕,应按规范要求进行闭水试验;排水主立管及水平干管管道均应做通球试验,通球球径不小于排水管道管径的 2/3,通球率必须达到 100%。

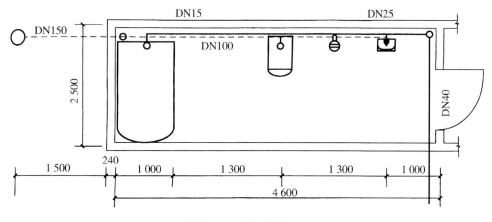

习题图 4-1　某卫生间平面图

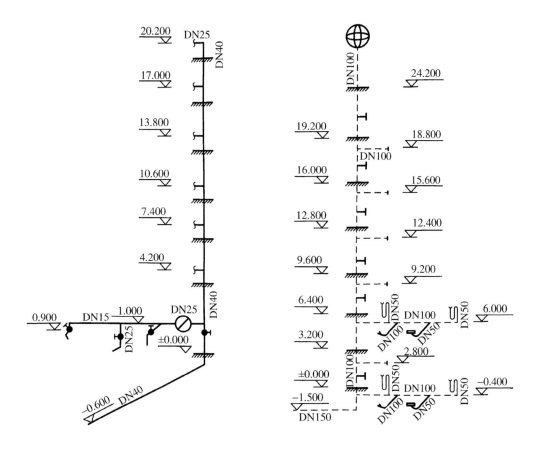

习题图 4-2　某卫生间给排水系统图

习题表 4-1　分部分项工程量清单

序号	项目编码	项目名称	项目特征	单位	工程量
1					
2					
3					
4					
5					
6					

任务二　支架与其他项目计量

【思考与练习】

1. 现场制作安装钢质管道支架项目的计量单位是(　　)。

　　A. 副　　　　　　B. m²　　　　　　C. kg　　　　　　D. 套

2. 关于套管项目说法正确的是(　　)。

　　A. 套管项目未包括除锈刷油,应另行列项算量

　　B. 套管规格应比内穿介质管道规格大两号

　　C. 套管项目综合单价应包括阻火栓安装

　　D. 套管制作安装只适用于穿墙和楼板部位,不适用于基础

3. 不属于套管项目工作内容中包括的是(　　)。

　　A. 制作　　　　　B. 安装　　　　　C. 阻火圈安装　　D. 除锈、刷油

4. 不属于管道支架项目计量单位的是(　　)。

　　A. t　　　　　　B. kg　　　　　　C. 副　　　　　　D. 套

　　E. 组

5. 判断题:单件管道支架质量在 100 kg 以上套用设备支架(　　)。

　　A. 是　　　　　　B. 否

6. 给排水工程中,下列包括刷油除锈的清单项目是(　　)。

A. 管道支架　　B. 套管　　　　C. 设备支架　　　　D. 铸铁管

7. 塑料管成品管卡安装属于(　　)项目。

A. 塑料管　　　B. 管道支架　　　C. 套管　　　　　D. 给排水附(配)件

8. 根据给排水工程平面图、系统图(习题图 4-1 和习题图 4-2),以及"设计说明",并结合清单规范,编制套管项目的工程量清单(习题表 4-2)。

设计说明:

(1)给排水管道穿外墙均采用刚性防水套管,穿内墙及楼板(一层除外)均采用普通钢套管。

(2)排水管道穿屋面设刚性防水套管。

习题表 4-2　分部分项工程工程量清单

序号	项目编码	项目名称	项目特征	单位	工程量
1					

任务三　管道附件项目计量

【思考与练习】

1. 可以单独列项的管道附件有(　　)。

A. 卫生器具上的截止阀　　　　　B. 水表上的闸阀

C. 给水管上的法兰　　　　　　　D. 阀门上一侧连接的法兰

2. 水表组装的内容不包括(　　)。

A. 法兰　　　B. 闸阀　　　　C. 给水管　　　　D. 旁通管

3. 根据习题图 4-1 和习题图 4-2,以及"设计说明",并结合清单规范,编制管道附件项目的工程量清单(习题表 4-3)。

设计说明:

(1)阀门采用 J11W-10T 截止阀,螺纹连接。

(2)水表采用旋翼式水表(DN25)。

习题表 4-3　分部分项工程工程量清单

序号	项目编码	项目名称	项目特征	单位	工程量
1					

任务四 卫生器具项目计量

【思考与练习】

1. 判断题：成品卫生器具项目附件安装，排水配件包括存水弯、排水栓、下水口等，以及配备的连接管（　　）。

    A. 正确　　　　　　B. 错误

2. 盥洗室中，盥洗槽施工项目不属于给排水附（配）件的是（　　）。

    A. 地漏　　　　B. 存水弯　　　　C. 排水栓　　　　D. 水龙头

3. 按"套"为计量单位的卫生器具有（　　）。

    A. 大便器　　B. 小便器　　　　C. 淋浴器　　　　D. 烘手器

    E. 大小便槽自动冲洗水箱

4. 下列卫生器具不包含的附件是（　　）。

    A. 浴缸带花洒的水嘴　　　　　　　B. 洗脸盆连接给水管的进水阀

    C. 大便器自动冲水的感应器　　　　D. 小便槽冲洗管连接的水箱

5. 根据习题图 4-1 和习题图 4-2，以及"设计说明"，并结合清单规范，编制管道附件项目的工程量清单（习题表 4-4）。

设计说明：

（1）浴缸（FBY1720NHP，1 700 mm×750 mm×490 mm，铸铁无裙边，配扶手）；陶瓷单孔立柱式洗脸盆（AP306-901、镀铜铬水嘴 DN25 一个、角阀 DN25 一个）；坐式大便器（CP-2195、联体水箱，角阀 DN25 一个）；塑料地漏（DN50，粘接）。

习题表 4-4　分部分项工程工程量清单

序号	项目编码	项目名称	项目特征	单位	工程量
1					
2					

任务五 给排水工程计价

【思考与练习】

根据"给排水工程相关的计算资料"，结合《建设工程工程量清单计价规范》（GB 50856—2013），编制各项费用工程量清单计价表和安装工程造价汇总表（习题表 4-5—习题表 4-9），计算结果保留三位小数。

给排水工程计价相关资料：

（1）经计算，给排水分部分项工程费为 4 648.356 万元，其中人工费为 1 209.963 万元。

（2）安全文明施工措施费费率为 3.4%。

（3）其他措施费费率为 1.5%。

（4）脚手架按人工费的 5% 计算。

（5）暂列金额按分部分项工程费的 15% 计算。

（6）安装专业工程暂估价为 25 万元，其中人工费占 20%。

（7）计日工人工费为 10 万元，材料费 2.2 万元，机械费 3 000 元计算。

（8）发包人指定专业工程分包的总包服务费费率为 3%。

（9）社会保险费按照人工费的 32.6%。

（10）住房公积金按照人工费的 1.59%。

习题表 4-5　措施项目清单与计价表

序号	项目名称	计算基础	费率/%	金额/元
1	安全防护、文明施工措施费			
2	其他措施费			
合　　计				

习题表 4-6　措施项目清单与计价表

序号	项目名称	计算基础	费率/%	金额/元
1	单价措施项目			
1.1	脚手架			
合　　计				

习题表 4-7　其他项目清单与计价汇总表

序号	项目名称	计算基础	费率/%	金额/元
1	暂列金额			
2	暂估价			
2.1	材料暂估价			
2.2	专业工程暂估价			
3	计日工			
4	总承包服务费			
合　　计				

习题表 4-8　规费、税金项目清单与计价表

序号	项目名称	计算基础	费率/%	金额/元
1	规费			
1.1	社会保险费			
1.2	住房公积金			
2	增值税			
合　　计				

习题表 4-9　给排水工程造价汇总表

序号	项目内容	金额/元
1	分部分项工程费	
2	措施项目费	
2.1	总价措施项目	
2.2	单价措施项目	
3	其他项目	
4	规费、增值税	
工程造价		

项目五 消防工程计量与计价

模块一 认知消防工程基本原理

【思考与练习】

1. 对流体阻力最小的阀门是( )。

    A. 蝶阀　　　　B. 球阀　　　　　　C. 旋塞阀　　　　D. 截止阀

2. 表示水幕灭火给水管图例的是( )。

    A. ——SP——　　B. ——SM——　　C. ——ZP——　　D. ——XH——

3. 水流指示器前端设置的阀门是( )。

    A. 止回阀　　　　B. 闸阀　　　　　　C. 信号蝶阀　　　D. 排气阀

4. 不属于水喷淋灭火系统组成内容的是( )。

    A. 报警阀　　　　B. 消防水泵接合器　C. 灭火器　　　　D. 末端泄水阀

5. 根据主要设备及材料表(习题表 5-1),将设备及材料的编号标注在水喷淋系统平面图(习题图 5-1)和水喷淋工程系统图(习题图 5-2)上。

习题表 5-1　主要设备及材料表

序号	图例	名称	型号规格
1	— ZP —o—ZPL—平面　┃—XHL—系统	自喷水平管及立管	热镀锌钢管
2	○ 平面　▽ 系统	喷淋头	玻璃球直立闭式下垂喷淋头 ZSTX 15/68
3	⋈	信号蝶阀	ZSFD-100-16Z
4	—Ⓛ—	水流指示器	ZSJZ100·F
5	—↓—	截止阀(末端试水阀)	J11W-16T

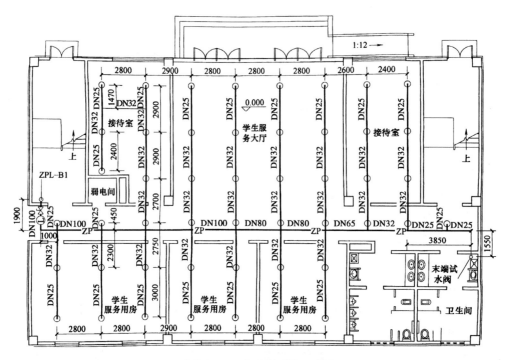

习题图 5-1　水喷淋系统平面图

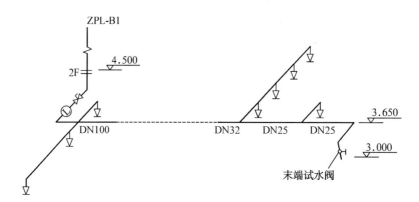

习题图 5-2　水喷淋工程系统示意

模块二　编制水喷淋灭火系统工程项目计算书和计价表

任务一　水喷淋灭火系统工程列项

【思考与练习】

1. 水喷淋灭火系统调试属于（　　　）。

　　A. 包括在水喷淋钢管项目内　　　　　　B. 包括在末端试水装置项目内

    C. 包括在室内消火栓项目内　　　　D. 在消防系统调试中单独列项

2. 一组湿式报警装置包括的内容有(　　)。

    A. 水力警铃　　　　　　　　　　　B. 报警截止阀

    C. 水流指示器　　　　　　　　　　D. 安全信号蝶阀

    E. 自动排气阀

3. 下列项目能够组价的是(　　)。

    A. 水流指示器与蝶阀　　　　　　　B. 水喷淋钢管与水冲洗

    C. 水喷淋钢管与喷头　　　　　　　D. 报警装置与自动报警系统调试

4. 下列不能单独列项的是(　　)。

    A. 水喷淋钢管支架　　　　　　　　B. 水喷淋钢管刷油

    C. 水喷淋钢管套管　　　　　　　　D. 水喷淋钢管压力试验

5. 根据某局部自动喷水灭火系统图(图5-3),并结合"施工说明"和清单规范,列出水喷淋灭火系统工程项目名称、项目编码、项目特征和计量单位(习题表5-2)。

施工说明:

(1) 管道采用镀锌钢管螺纹连接。

(2) 报警阀采用法兰连接,水流指示器、信号蝶阀均采用螺纹连接。

(3) 喷头规格DN15。

(4) 管道安装完毕,须进行水压试验、水冲洗。

(5) 管道支架重量为5 kg/m。

(6) 支架和管道刷红丹漆、调和漆各二度。

(7) 管道穿墙应设置钢套管。

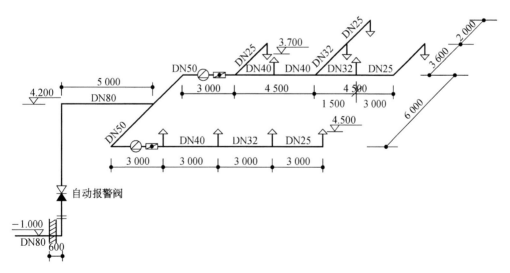

习题图5-3　自动喷淋灭火系统示意

习题表 5-2 分部分项工程量清单表

序号	项目编码	项目名称	项目特征	单位

任务二 水喷淋灭火系统项目计量

【思考与练习】

1. 下列关于水喷淋管道说法正确的是（   ）。

   A. 工程量计算应扣除消防报警阀所占长度

   B. 清单项目已经包括连接的法兰、管件和水冲洗，不能另行计算

   C. 与喷头连接管计入管道工程量

   D. 室内外界限应以建筑物外墙皮为界

2. 下列项目不以"个"为单位的项目是（   ）。

   A. 水流指示器   B. 报警阀   C. 安全信号蝶阀   D. 排气阀

3. 下列项目计量单位正确的是（ ）。

    A. 报警装置以"套"计量   B. 水流指示器以"组"计量

    C. 末端试水装置以"个"计量   D. 管道支架以"kg"计量

4. 水喷淋钢管项目计量错误的是（ ）。

    A. 室内外管道界限以建筑物外墙皮 1.5 m 为界

    B. 不计算报警阀长度

    C. 与工业管道界限建筑物消防泵间外墙皮为界

    D. 包括管件长度

5. 根据某局部自动喷水系统图（习题图 5-3），并结合"施工说明"和清单规范，计算水喷淋系统工程项目工程量。

习题表 5-3　工程量计算书

序号	项目名称	计算式	工程量

模块三 编制消火栓灭火系统工程项目计算书和计价表

任务一 消火栓灭火系统工程列项

【思考与练习】

1. 下列图例不属于消防工程 0309 项目的是( )。

A. ——————

B. ——————

C. ——————

D. ——————

2. 消火栓灭火系统管道符号正确的是( )。

A. ——ZP——

B. ——XH——

C. —RH———

D. —Xh———

3. 消火栓灭火系统能单独列项的是( )。

A. 消防管道管件

B. 嵌入式消火栓箱配套的灭火器

C. 消火栓箱

D. 消火栓按钮

4. 下列项目不能组价的是( )。

A. 消火栓钢管与法兰

B. 消火栓与按钮

C. 落地式箱消火栓与灭火器

D. 消火栓钢管与支吊架

5. 根据某校区室外消防给水管网平面图(习题图 5-4)和双口消火栓节点图(习题图 5-5),并结合"施工说明"和清单规范,列出消火栓灭火系统工程项目名称、项目编码、项目特征和计量单位,完成习题表 5-4。

施工说明:

(1) 图中平面尺寸均以相对坐标标注,单位以"m"计,详图尺寸以"mm"计,PN=1.6 MPa。

(2) 图中标注 DN≥100 管道采用承插铸铁给水管及管件,采用橡胶圈接口;其他未标注管径的管道均采用 DN50 镀锌钢管及管件,螺纹连接。

(3) DN≥100 的阀门均为带甲乙短管的法兰阀门,闸阀型号为 Z41T-1.6,止回阀型号为 H41T-1.6,螺纹闸阀型号为 Z15T-1.0。

(4) 消火栓 S1—消火栓 S8 为地上式单口消火栓 SS100-1.6,S9、S10 为地上式双口消火栓 SS150-1.6。

(5) 消火栓均为成套供应,包括弯管底座、法兰短管,连接形式具体见施工图。

(6) 管网安装完毕进行水压试验和冲洗。钢管外壁除锈后刷防锈漆和沥青漆各二度。

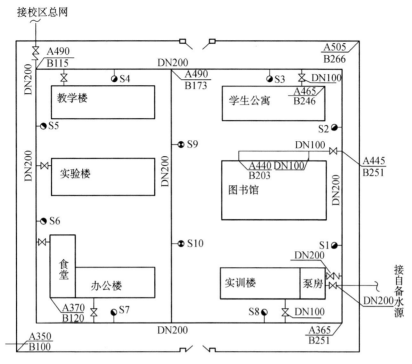

习题图5-4　某校区室外消防给水管网平面图

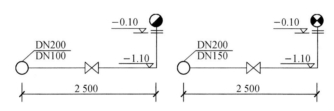

习题图5-5　双口消火栓节点图

习题表5-4　分部分项工程量清单表

序号	项目编码	项目名称	项目特征	单位

（续表）

序号	项目编码	项目名称	项目特征	单位

任务二　消火栓灭火系统项目计量

【思考与练习】

1. SA100/65-1.0 表示的项目是（　　　）。

   A. 地上式水泵接合器　　　　　　　　B. 地下式水泵接合器

   C. 地上式室外消火栓　　　　　　　　D. 地下式室外消火栓

2. 下列项目计量单位按套计算的是（　　　）。

   A. 室外消火栓　　　　　　　　　　　B. 消火栓管道成品支架

   C. 灭火器　　　　　　　　　　　　　D. 消防水泵接合器

   E. 消防管道套管

3. 下列表示地上式水泵接合器的是（　　　）。

   A. SQB　　　　　B. SQS　　　　　C. SS　　　　　D. SA

4. 下列关于消火栓灭火系统管道项目描述正确的是（　　　）。

   A. 管道进消火栓支管的连接方式是法兰连接

   B. 管道长度应计算至消火栓箱外侧

   C. 支管与消火栓栓口短管的垂直长度应计入管道工程量

   D. 管道油漆应包括在管道项目内，不另行计算

5. 根据某校区室外消防给水管网平面图（习题图 5-4）和双口消火栓节点图（习题

图 5-5),并结合"施工说明"和清单规范,计算消火栓灭火系统工程项目工程量(习题表 5-5)。

习题表 5-5　工程量计算书

序号	项目名称	计算式	工程量

项目六　刷油、防腐蚀、绝热工程计量与计价

任务一　刷油、防腐蚀、绝热工程列项

【思考与练习】

1. 某建筑物室外管道安装后人工除轻锈,刷红丹防锈漆二度,外包岩棉管壳,外缠铝箔,则不能列项的是(　　)。

  A. 管道人工除轻锈　　　　　　　　B. 管道红丹防锈漆

  C. 管道外包岩棉管壳　　　　　　　D. 管道外缠铝箔

2. 结合题1,管道外缠铝箔的项目编码是(　　)。

  A. 031201001001　　B. 031201009001　　　　C. 031208002001　　　　D. 031208007001

3. 铸铁排水管刷调和漆项目的编码正确的是(　　)。

  A. 031201001001　　B. 031201002001　　　　C. 031201003001　　　　D. 031201004001

4. 下列刷油项目可以单独列项的是(　　)。

  A. 水喷淋管道刷油　　　　　　　　B. 套管刷油

  C. 小便槽自动冲洗水箱刷油　　　　D. 配电箱补刷油漆

5. 判断题:管道支架安装项目不包含除锈、刷油,应另行列项计算。(　　)。

  A. 是　　　　　B. 否

6. 某工程埋地管道采用现场发泡聚氨酯管,厚度40 mm,则项目设置为(　　)。

  A. 管道刷油　　　　B. 管道绝热　　　　C. 防潮层、保护层　　　　D. 管道防腐蚀

7. 根据三层办公楼卫生间工程"设计说明",并结合《通用安装工程工程量计算规范》(GB 50856—2013),列出刷油、保温工程项目名称和项目编码,完成习题表6-1。

设计说明:

(1)给水管道均为镀锌钢管,清除管道表面轻锈后,在管道外刷银粉漆二度。

(2)排水管道均为UPVC塑料管。

习题表 6-1　项目名称与项目编码设置表

序号	项目编码	项目名称
1		
2		
3		

任务二 刷油、防腐蚀、绝热工程项目计量

【思考与练习】

1. 管道绝热项目工程量计算公式正确的是( )。

A. $V = \pi \times (D + 1.033\delta) \times 1.033\delta \times L$

B. $V = \pi \times (D + 1.03\delta) \times 1.03\delta \times L$

C. $V = \pi \times (D + 2.1\delta) \times 2.1\delta \times L$

D. $V = \pi \times (D + 2.1\delta + 0.008\,2) \times L$

2. 判断题：管道钢支架刷油未包含在管道支架项目中,应另行按金属结构刷油项目以"kg"为单位计量( )。

A. 是   B. 否

3. 阀门绝热项目工程量计算正确的是( )。

A. $\pi \times (D + 1.033\delta) \times 1.033\delta \times L$

B. $\pi \times (D + 1.03\delta) \times 1.03\delta \times L$

C. $\pi \times (D + 1.033\delta) \times 2.5D \times 1.033\delta \times 1.05 \times N$

D. $\pi \times (D + 2.1\delta) \times 2.5D \times 1.05 \times N$

4. 明敷管道 De60 长度 35 m,该管道外侧保温层厚度 50 mm,再包防潮层,则管道防潮层项目工程量为( )。

A. 19.03 m²   B. 18.13 m²   C. 17.58 m²   D. 16.98 m²

5. 三层办公楼卫生间工程给水管道(习题图 6-1)根据"施工说明"安装完毕后,首先清除管道外水泥砂浆,然后在管道外刷银粉漆二度,要求如下。

(1)结合项目算量规则,计算项目工程量,编制工程预算书。

(2)结合清单计算规范,编制项目工程量清单。

训练 1：列出项目名称,并计算工程量,填入工程量计算书(习题表 6-2)。

习题表 6-2 工程量计算书

序号	项目名称	计算式	工程量
1			
2			
3			

训练 2：编制分部分项工程工程量清单（习题表 6-3）。

习题表 6-3 分部分项工程工程量清单

序号	项目编码	项目名称	项目特征	单位	工程量
1					
2					
3					

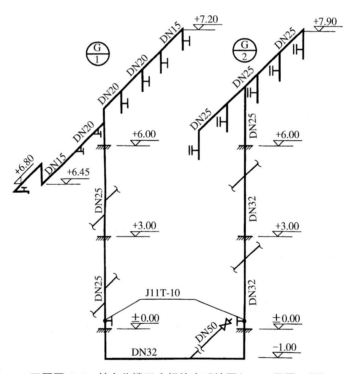

习题图 6-1 某办公楼卫生间给水系统图（一、二层同三层）

参 考 文 献

［1］中华人民共和国住房和城乡建设部.通用安装工程工程量计算规范:GB 50856—2013［S].北京：中国计划出版社,2013.

［2］上海市住房和城乡建设管理委员会.上海市安装工程预算定额：SH 02—31—2016［S].上海：同济大学出版社,2016.

［3］霍海娥.安装工程计量与计价实例教程［M].北京：科学出版社,2020.

［4］周丽丽,吴永岩,王彬,等.安装工程工程量清单编制实例详解［M].北京：中国建筑工业出版社,2016.